土木工程类专业应用型人才培养系列教材

建筑设备工程概论

主　编　陶　进
副主编　陈淑芳　王杨洋
参　编　刘　辉　张　微　李　爽　王　迪
　　　　王　冰　刘　扬　于景晓

北京理工大学出版社
BEIJING INSTITUTE OF TECHNOLOGY PRESS

内容简介

本书主要介绍流体力学与建筑热工基本知识、建筑环境、建筑给水排水工程、建筑供暖工程、建筑通风工程、建筑空调工程、建筑电气工程、智能建筑工程、燃气供应工程、建筑节能与清洁能源应用等方面的基本知识、系统原理和系统组成，各类建筑设备工程施工图的识读方法，以及建筑设备领域新技术等内容。本书以"应知应会、通俗易懂"为原则，让读者理解和掌握建筑设备工程相关的基本知识，培养各专业与建筑设备工程（水暖电）间配合的意识和初步能力。

本书可为建筑学、环境设计、给排水与科学工程、建筑电气与智能化、土木工程、工程管理、工程造价等专业拓宽建筑设备技术知识提供服务，也可作为高等院校建筑环境与能源应用工程专业导论课教材及相关课程的教材，还可供从事建筑工程、工程管理、建筑装修、建筑水暖电等领域的工程技术人员及从业人员参考或培训使用。

版权专有　侵权必究

图书在版编目（CIP）数据

建筑设备工程概论/陶进主编．--北京：北京理工大学出版社，2021.8
ISBN 978-7-5763-0207-3

Ⅰ.①建… Ⅱ.①陶… Ⅲ.①房屋建筑设备－高等学校－教材 Ⅳ.①TU8

中国版本图书馆 CIP 数据核字（2021）第 170768 号

出版发行 /	北京理工大学出版社有限责任公司
社　　址 /	北京市海淀区中关村南大街5号
邮　　编 /	100081
电　　话 /	（010）68914775（总编室）
	（010）82562903（教材售后服务热线）
	（010）68944723（其他图书服务热线）
网　　址 /	http://www.bitpress.com.cn
经　　销 /	全国各地新华书店
印　　刷 /	北京紫瑞利印刷有限公司
开　　本 /	787毫米×1092毫米　1/16
印　　张 /	12
字　　数 /	290千字
版　　次 /	2021年8月第1版　2021年8月第1次印刷
定　　价 /	39.00元

责任编辑／陆世立
责任校对／刘亚男
责任印制／李志强

图书出现印装质量问题，请拨打售后服务热线，本社负责调换

前 言

建筑设备工程是指建筑能源供应系统（俗称建筑水暖电系统）中各类工程设施的总称，包括所对应的材料、设备和所进行的设计、施工安装、运行管理等技术。建筑设备工程归属建设类行业，其知识跨土木工程、能源动力工程和电气工程三个学科。

现代建筑应具备的基本功能有适于人居的温、湿度，良好的空气品质和卫生条件，明亮隔声，用电和通信便利，生命财产安全有保障。要实现上述功能，需要配置暖通空调系统、给水排水系统、电气系统（供电和照明）、燃气供应系统、通信和智能控制系统、消防避雷系统，这些系统构成了建筑设备系统。现代建筑设备系统就肩负着打造舒适安全的人居空间、合理使用能源（建筑节能）和减少碳排放（保护环境）的重要使命。

本书包括流体力学与建筑热工基本知识、建筑环境、建筑给水排水工程、建筑供暖工程、建筑通风工程、建筑空调工程、建筑电气工程、智能建筑工程、燃气供应工程、建筑节能与清洁能源应用等方面的基本知识、系统原理和系统组成，各类建筑设备工程施工图的识读方法，以及建筑设备领域新技术等内容。编写中参照国家有关现行设计规范和标准，力求能够全面覆盖当前建筑设备工程的主要内容。本书以"应知应会、通俗易懂"为原则，让读者能够理解和掌握建筑设备工程相关的基本知识。

通过学习，读者可了解建筑环境知识和要求、各种建筑设备系统的分类和组成，初步掌握各系统施工图的识读，了解建筑设备领域新技术，培养各专业与建筑设备工程（水暖电）之间配合的意识和初步能力。

本书可为建筑学、环境设计、给排水科学与工程、建筑电气与智能化、土木工程、工程管理、工程造价、新能源工程、安全工程等专业拓宽建筑设备技术知识提供服务，也可作为建筑环境与能源应用工程专业导论课教材及相关课程的教材，还可供从事建筑工程、工程管理、建筑装修、建筑水暖电等领域的工程技术人员参考，并作为建筑施工（装修）、设备生产、工程管理等从业人员的培训教材。不同专业可根据需要选择本书的内容进行学习或教学。

本书由吉林建筑科技学院陶进担任主编，由陈淑芳和王杨洋担任副主编。全书依托陶进主编的讲义进行编写，共分为十一章。第一章由陶进、王杨洋编写；第二章由张微、刘扬编写；第三章由王杨洋编写；第四章由陈淑芳编写；第五章由李爽编写；第六章由王迪、王冰编写；第七章由张微、刘扬编写；第八章和第九章由刘辉编写；第十章由王杨洋、于景晓编写；第十一章由王杨洋、王迪、李爽、刘辉编写。

由于编者水平有限，书中难免有不足和疏漏之处，敬请广大读者和同行批评指正。

编 者

目 录

第一章 绪论 ··· (1)
    一、建筑设备工程的概念 ··· (1)
    二、建筑设备工程的现状与发展趋势 ·· (2)
    三、建筑设备工程对建筑的影响 ·· (3)
    四、建筑设备对环境的影响 ·· (3)
    五、建筑设备工程的主要内容 ··· (4)

第二章 流体力学与建筑热工基本知识 ··· (5)
    第一节 液体的静压力 ··· (5)
        一、流体静压强的概念 ··· (5)
        二、流体静压强的特性 ··· (5)
        三、重力作用下流体静压强的分布规律 ··· (5)
    第二节 流动阻力 ··· (6)
        一、流动阻力的分类及其计算 ·· (6)
        二、沿程阻力与沿程损失 ··· (7)
        三、局部阻力 ·· (8)
    第三节 流体管道系统的压力分布 ·· (8)
        一、液体管路能量方程及应用 ·· (8)
        二、气体管路能量方程及应用 ·· (9)
        三、热水供热系统压力分布 ·· (10)
    第四节 建筑传热 ··· (11)
        一、传热的基本方式 ··· (11)
        二、传热过程 ··· (12)
        三、传热学在工程中的应用 ·· (13)
    第五节 建筑冷热负荷 ··· (14)

第三章　建筑环境 ··· (16)

第一节　建筑外环境 ··· (16)
一、太阳辐射 ··· (16)
二、气象条件 ··· (17)

第二节　建筑热湿环境 ·· (19)
一、围护结构的热、湿传递 ··· (20)
二、室内热、湿传递 ·· (21)
三、空气渗透带来的热、湿量 ··· (22)

第三节　室内空气品质 ·· (22)
一、室内空气品质的定义 ·· (22)
二、室内空气品质标准 ··· (23)
三、影响室内空气品质的污染源 ·· (24)
四、室内污染物的控制方法 ·· (24)

第四节　建筑声环境 ··· (25)
一、声音的性质和基本物理量 ··· (25)
二、噪声 ··· (27)

第五节　建筑光环境 ··· (28)
一、基本光度单位 ··· (28)
二、舒适光环境的影响因素 ·· (29)
三、天然光源与人工光源 ··· (30)

第四章　建筑给水排水工程 ··· (32)

第一节　建筑给水系统的分类与组成 ·· (32)
一、给水系统的分类 ·· (32)
二、给水系统的组成 ·· (33)

第二节　建筑给水方式 ·· (35)
一、建筑给水的基本形式 ··· (35)
二、给水方式选择原则 ·· (36)

第三节　建筑热水供应系统 ·· (37)
一、热水供应系统的分类 ··· (37)
二、热水供应系统的组成及系统形式 ··· (37)
三、热水供应系统的供水方式 ·· (37)
四、热水供应系统的热源、加热设备和储热设备 ····························· (38)

第四节　建筑消防系统 ·· (39)
一、建筑消防系统分类 ·· (39)
二、建筑消防系统的组成及供水方式 ··· (40)
三、自动喷水灭火系统及其组成 ··· (40)
四、其他灭火系统（即非水灭火系统） ·· (41)

第五节　建筑排水系统的分类与组成 ………………………………………………… (42)
　　　　一、建筑排水系统的分类 ……………………………………………………………… (42)
　　　　二、建筑排水系统的组成 ……………………………………………………………… (43)
　　　　三、建筑内污废水排水系统的类型 …………………………………………………… (44)
　　第六节　建筑雨排水系统 ………………………………………………………………… (44)
　　　　一、雨水外排水系统 …………………………………………………………………… (44)
　　　　二、雨水内排水系统 …………………………………………………………………… (45)
　　第七节　建筑给水排水施工图的识读 …………………………………………………… (46)
　　　　一、建筑给水排水施工图的组成和内容 ……………………………………………… (46)
　　　　二、建筑给水排水施工图识图的一般程序 …………………………………………… (53)
　　　　三、建筑给水排水施工图识图实例 …………………………………………………… (54)

第五章　建筑供暖工程 …………………………………………………………………… (58)

　　第一节　建筑供暖系统的组成与分类 …………………………………………………… (58)
　　　　一、建筑供暖的基本概念 ……………………………………………………………… (58)
　　　　二、建筑供暖系统的组成 ……………………………………………………………… (58)
　　　　三、建筑供暖系统的分类 ……………………………………………………………… (59)
　　第二节　热水供暖系统 …………………………………………………………………… (60)
　　　　一、热水供暖系统的基本类型 ………………………………………………………… (60)
　　　　二、重力（自然）循环热水供暖系统 ………………………………………………… (60)
　　　　三、机械循环热水供暖系统 …………………………………………………………… (61)
　　　　四、分户热计量热水供暖系统 ………………………………………………………… (64)
　　　　五、高层建筑热水供暖系统 …………………………………………………………… (64)
　　　　六、热水地板辐射供暖系统 …………………………………………………………… (65)
　　　　七、热水供暖系统主要设备和附件 …………………………………………………… (66)
　　第三节　其他供暖系统 …………………………………………………………………… (68)
　　　　一、蒸汽供暖系统 ……………………………………………………………………… (68)
　　　　二、热风供暖系统 ……………………………………………………………………… (69)
　　第四节　建筑供暖工程施工图的识读 …………………………………………………… (70)
　　　　一、建筑供暖施工图的组成 …………………………………………………………… (70)
　　　　二、设计说明、图签内容和图例 ……………………………………………………… (70)
　　　　三、散热器供暖施工图举例说明 ……………………………………………………… (71)
　　　　四、低温热水地板辐射供暖施工图举例说明 ………………………………………… (72)

第六章　建筑通风工程 …………………………………………………………………… (75)

　　第一节　通风系统的分类与组成 ………………………………………………………… (75)
　　　　一、建筑通风的意义和任务 …………………………………………………………… (75)
　　　　二、通风系统的分类 …………………………………………………………………… (76)
　　　　三、通风系统的组成 …………………………………………………………………… (77)

第二节　建筑通风方式与通风设备 …………………………………………(78)
　　　　一、自然通风系统 ……………………………………………………………(78)
　　　　二、机械通风系统 ……………………………………………………………(79)
　　　　三、通风系统常用设备 ………………………………………………………(80)
　　第三节　建筑防火与建筑防排烟 …………………………………………………(84)
　　　　一、防火 ………………………………………………………………………(84)
　　　　二、防烟 ………………………………………………………………………(87)
　　　　三、排烟 ………………………………………………………………………(89)
　　　　四、防排烟系统附件 …………………………………………………………(93)

第七章　建筑空调工程 …………………………………………………………(95)

　　第一节　空调系统概述 ……………………………………………………………(95)
　　　　一、概念 ………………………………………………………………………(95)
　　　　二、基本工作流程 ……………………………………………………………(95)
　　第二节　空调系统的分类与组成 …………………………………………………(96)
　　　　一、空调系统的分类 …………………………………………………………(96)
　　　　二、空调系统的组成 …………………………………………………………(99)
　　第三节　空气处理设备 ……………………………………………………………(100)
　　　　一、表面冷却器 ………………………………………………………………(100)
　　　　二、加热器 ……………………………………………………………………(101)
　　　　三、空气过滤器 ………………………………………………………………(101)
　　　　四、加湿器 ……………………………………………………………………(102)
　　　　五、消声器 ……………………………………………………………………(102)
　　　　六、减振器 ……………………………………………………………………(103)
　　第四节　空调系统的冷源 …………………………………………………………(103)
　　　　一、冷源 ………………………………………………………………………(103)
　　　　二、空调用制冷方式 …………………………………………………………(104)
　　　　三、蒸汽压缩式制冷原理 ……………………………………………………(104)
　　第五节　空调工程施工图识读 ……………………………………………………(104)
　　　　一、空调系统施工图内容 ……………………………………………………(104)
　　　　二、空调施工图举例 …………………………………………………………(106)

第八章　建筑电气工程 …………………………………………………………(107)

　　第一节　建筑电气概述 ……………………………………………………………(107)
　　　　一、建筑电气的含义及分类 …………………………………………………(107)
　　　　二、电力系统知识 ……………………………………………………………(107)
　　第二节　建筑供配电系统 …………………………………………………………(110)
　　　　一、计算负荷 …………………………………………………………………(110)
　　　　二、变配电站 …………………………………………………………………(111)

三、低压配电系统的分类及线路敷设 ……………………………………… (115)
　第三节　电气照明系统 …………………………………………………………… (118)
　　　一、照明技术的基本概念 …………………………………………………… (118)
　　　二、照明方式与种类 ………………………………………………………… (118)
　　　三、电光源 …………………………………………………………………… (119)
　　　四、照明灯具 ………………………………………………………………… (119)
　　　五、照度计算 ………………………………………………………………… (120)
　第四节　建筑电气控制系统 ……………………………………………………… (120)
　　　一、常用控制电器 …………………………………………………………… (120)
　　　二、控制电路 ………………………………………………………………… (121)
　第五节　建筑接地与防雷系统 …………………………………………………… (122)
　　　一、接地 ……………………………………………………………………… (122)
　　　二、防雷 ……………………………………………………………………… (123)
　第六节　建筑消防供配电与控制系统 …………………………………………… (125)
　　　一、消防系统的组成 ………………………………………………………… (125)
　　　二、火灾自动报警系统 ……………………………………………………… (125)
　　　三、消防供配电系统 ………………………………………………………… (127)
　第七节　建筑电气工程施工图的识读 …………………………………………… (127)
　　　一、识图步骤与要点 ………………………………………………………… (127)
　　　二、实例设计与分析 ………………………………………………………… (128)

第九章　智能建筑工程 ………………………………………………………………… (132)
　第一节　建筑设备自动化系统 …………………………………………………… (132)
　　　一、智能建筑简介 …………………………………………………………… (132)
　　　二、建筑设备自动化系统 …………………………………………………… (133)
　第二节　建筑物信息设施系统 …………………………………………………… (135)
　　　一、综合布线系统概述 ……………………………………………………… (135)
　　　二、综合布线系统与智能建筑的关系及适用范围 ………………………… (136)
　　　三、路由器 …………………………………………………………………… (137)
　　　四、无线网络 ………………………………………………………………… (139)
　第三节　建筑弱电工程施工图的识读 …………………………………………… (140)
　　　一、识图步骤与要点 ………………………………………………………… (140)
　　　二、实例 ……………………………………………………………………… (140)

第十章　燃气供应工程 ………………………………………………………………… (144)
　第一节　燃气的种类、供应与储存 ……………………………………………… (144)
　　　一、燃气的种类 ……………………………………………………………… (144)
　　　二、天然气的分类、储存及输送 …………………………………………… (146)
　　　三、液化石油气的制取、储存和输送 ……………………………………… (148)

四、人工煤气的分类 ……………………………………………………………… (149)
　第二节　室内燃气供应系统 ………………………………………………………… (150)
　　一、室内燃气供应系统 …………………………………………………………… (150)
　　二、燃气计量表（Gasmeter） …………………………………………………… (150)
　　三、燃气用具（Gas Appliance） ………………………………………………… (151)
　第三节　燃气工程施工图识读 ……………………………………………………… (151)

第十一章　建筑节能与清洁能源应用 ………………………………………………… (153)
　第一节　建筑节能的概念及意义 …………………………………………………… (153)
　　一、建筑节能的概念 ……………………………………………………………… (153)
　　二、建筑节能的意义 ……………………………………………………………… (153)
　　三、我国建筑节能的发展历程 …………………………………………………… (154)
　　四、建筑节能的技术途径 ………………………………………………………… (154)
　　五、绿色建筑与超低能耗建筑 …………………………………………………… (155)
　第二节　建筑围护结构的节能 ……………………………………………………… (156)
　　一、墙体节能 ……………………………………………………………………… (157)
　　二、门窗节能 ……………………………………………………………………… (159)
　　三、屋面节能 ……………………………………………………………………… (160)
　　四、地面节能 ……………………………………………………………………… (160)
　　五、典型实例 ……………………………………………………………………… (161)
　第三节　建筑供能系统的节能 ……………………………………………………… (162)
　　一、供能系统的概念 ……………………………………………………………… (162)
　　二、供能系统的节能措施 ………………………………………………………… (163)
　　三、典型供能系统节能技术 ……………………………………………………… (164)
　第四节　建筑中的太阳能应用 ……………………………………………………… (167)
　　一、太阳能光热利用 ……………………………………………………………… (167)
　　二、太阳能光电利用 ……………………………………………………………… (171)
　第五节　热泵 ………………………………………………………………………… (173)
　　一、热泵的基本概念 ……………………………………………………………… (173)
　　二、热泵机组与热泵系统 ………………………………………………………… (173)
　　三、热泵的种类 …………………………………………………………………… (174)
　　四、热泵作为暖通空调冷热源的分析 …………………………………………… (176)
　第六节　电供暖 ……………………………………………………………………… (176)
　　一、电供暖系统 …………………………………………………………………… (176)
　　二、电供暖的分类 ………………………………………………………………… (176)
　　三、学校类公共建筑电供暖与传统热水集中供暖的比较 ……………………… (178)

参考文献 …………………………………………………………………………………… (181)

第一章

绪论

一、建筑设备工程的概念

建筑要有舒适的温度、湿度,良好的空气品质和卫生条件,明亮隔声,用电和通信便利,生命财产安全有保障;若要实现上述功能则需要建筑设备工程。建筑设备工程是土木工程的一个分支,隶属于土木工程学科之中,属于基础设施建设行业。

建筑设备工程是建筑给水排水系统、热水供应系统、消防给水系统、采暖系统、通风与空调系统、燃气系统、建筑电气、楼宇智能化系统的组成(图 1-1)和工作原理,管道和设备布置,建筑水暖电的设计、预决算、安装施工、运行与维护、质量检验及工程管理的各类工程设施的科学技术的总称。

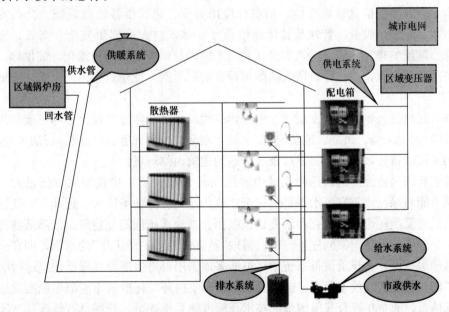

图 1-1 建筑设备工程系统组成

二、建筑设备工程的现状与发展趋势

1. 建筑设备工程的现状

随着国家的发展，我国的建筑业也在不断地进步，在人们居住的城市，绝大部分地区都可以享受到良好的水暖电服务，这些建筑设备为日常生活提供了很大方便，使人们能够生活在一个舒适的室内环境中。与人类文明初期时的建筑（庇护所）相比较，现代建筑及其设备主要具有以下几个特征：

（1）建筑规模变大。当代的建筑类型一般可分为居住建筑、公共建筑和工业建筑；城镇建筑有多层、高层、超高层；城市中心还出现了城市综合体建筑，使人们的城市生活变得更加便利、舒适、快乐，但同时也使城市变得更加拥挤。

（2）功能变多。随着人们物质生活水平的提高，人们对建筑的功能和质量提出了越来越高的要求，自来水、照明、暖气、空调、燃气、电梯、互联网已经成为城镇建筑的基本标配。

（3）舒适安全。当代建筑室内温度、湿度可控，防火、防雷、防盗设施齐全，而且越来越向智能化发展。

在提高室内环境质量的同时，如何最大限度地减少建筑能耗（降低碳排放），解决日趋严重的雾霾等污染是亟待解决的问题。

2. 建筑设备工程的发展趋势

近年来，我国建筑设备的发展比较迅速，国外先进的建筑设备也在不断地进入国内市场。随着新材料的大量应用、新设备的不断涌现，我国的建筑设备将向着体积小、质量轻、能耗少、效率高、噪声低、造型新和功能多的方向发展。

随着现代科技发展进入信息化时代，人们居住环境的安全性、舒适性和功能性要求也越来越高，智能建筑作为一种新型的现代建筑，近几年在我国得到了广泛的发展。智能建筑以建筑物为平台，兼备信息设施系统、信息化应用系统、建筑设备管理系统、公共安全系统等，集结构、系统、服务、管理及其优化组合于一体，向人们提供安全、高效、便捷、节能、环保、健康的建筑环境。建筑智能化的根本原因是建筑设备的智能化，如供热、通风和空调设备的自动控制，并将建筑所有的附属设备进行联网，使建筑室内环境更加舒适，调节更加便利。

另外，绿色建筑将可持续发展理念引入建筑领域，其在能源消耗上，尽可能利用可再生的自然资源（如太阳能、风能、地热能等），最大限度减少常规能源（如煤、石油等）保护环境和减少污染及碳排放，为人们提供健康、舒适的建筑内部环境。

为落实我国最新提出的碳达峰、碳中和的"30、60目标"，建筑领域责任重大，进一步提高建筑节能与绿色建筑发展水平是每一个建筑从业人员的神圣使命。近几年，我国逐步开展了被动式超低能耗建筑的研究和示范建筑工作。被动式超低能耗建筑，以降低建筑能耗值为导向，合理吸收发达国家的先进经验，采取"被动优先、主动优化"的原则，即在建筑设计中采用被动房技术，在建筑设备系统中尽可能多地采用可再生能源并降低建筑运行能耗。我国地域广阔，各地区气候差异大，经济发展水平和室内环境标准都不能简单照搬发达国家的相关指标体系，而是在符合我国国情的技术及标准体系指导下，开展具有低碳甚至零碳性质的超低能耗和近零能耗建筑的建设与推广，并且已经显现良好的发展前景。

三、建筑设备工程对建筑的影响

1. 对建筑规划设计的影响

建筑设备系统既可以集中布置也可以分散布置,集中布置便于管理、效率高;分散布置易于满足个性化需求。但应遵循的原则有:能源供应系统路径最短;不影响人们工作和生活;便于检修和安装;充分考虑安全性;按照建筑的格局进行布置的同时,还要不影响结构;各种管线纵横交错,需要安排协调,划分好空间。

建筑设备对建筑设计空间的影响因素主要取决于管道的布置与管道井、设备层的设置方面。建筑设备系统面积一般占整个建筑的 4%,即 5 000 m^2 的建筑,设备系统约占 200 m^2。

(1)专用管道井。管道井的设置是设备设计人员在高层建筑内为使所用竖井管线的集中与安装检查方便,或在客流量大的非高层公共建筑内,为使建筑内部美观、施工方便而设置的从上到下的建筑构件。建筑专业希望管道井的面积越小越好,但是也应该满足其功能要求,因此,在设计管道井时,应兼顾美观及功能来实现。

(2)设备层。设备层是指建筑物中专为设置暖通、空调、给水排水和电气的设备和管道施工人员进入操作的空间层。在高层建筑中,一般将产生振动、发热量大的重型设备(如制冷机、水泵、蓄水池等),放在建筑最下部,即地下室;将竖向负荷分区用的设备(如中间水箱、水泵、空调器、热交换器等)放在中间层;而将利用重力差的设备,或体积大、散热量大、需要对外换气的设备(如屋顶水箱、冷却塔、锅炉、送风机等),放在建筑的最上层。设备层的净高应根据设备和管线敷设高度及安装检修需要来确定,一般为正常层高的 1.5～2 倍,布置在房间上部的管道需要 0.6～0.9 m 的屋顶空间。

2. 对建筑造价的影响

随着现代建筑的迅猛发展,建筑的使用功能越来越多样化,质量也越来越高,建筑设备投资在建筑总投资中的比重也日益增大,在建筑工程中的重要地位也越发彰显。

在造价指标计算中,建筑设备安装工程主要包括供暖工程、电气工程、给水排水工程、燃气工程、消防工程、通风空调工程、智能化系统工程、电梯工程、太阳能热水系统等几大项工程,根据建筑使用性质、规模大小、生活/生产标准等的不同,对各类建筑的设备造价进行统计分析,可以得出如下建筑设备造价所占比例的范围:

(1)居住建筑:设备造价占总造价的 15%～25%。

(2)一般工业建筑:设备造价占总造价的 16%～20%。

(3)公共建筑:公共建筑(办公楼、医院、影剧院)的设备造价占总造价的 24%～34%。

注:在建筑的全寿命周期内(50～70 年),建筑设备系统的运行维护费用可能超过建筑初期的总投资。

四、建筑设备对环境的影响

1. 建筑设备对能耗的影响

建筑、工业和交通是当代社会领域的三大耗能行业。建筑能耗即建筑使用能耗,主要为建筑设备能耗,包括采暖、空调、热水供应、炊事、家用电器等方面的能耗。据统计,建筑能耗占全社会总能耗的 25%～35%,可见建筑设备节能在节能环保、降低碳排放中的重要性。所以,在建筑用能上,应尽可能地利用可再生能源,如太阳能、地热能、风能等,以减少消耗不可再生资源,尤其是矿物能源。在设计上,应尽可能地利用建筑本身及合理的设计来创造舒适的内部环境,而减少利用耗能的建筑设备来满足人类需求。

2. 建筑设备对环境的影响

(1)燃烧化石燃料导致温室效应——城市热岛(主要是CO_2);
(2)大量存在的"散煤燃烧"是空气污染的主要来源;
(3)燃煤产生的废渣废水等其他污染;
(4)生产生活排放的污水;
(5)氯氟烃(CFC)制冷剂破坏臭氧层。

五、建筑设备工程的主要内容

本书主要阐述流体力学与建筑热工的基本知识,建筑环境,建筑物内的给水排水、供暖、通风、空调、燃气输配、供电、照明、通信等系统及设备的基本知识和技术,也包括当今建筑领域的热点——建筑节能与清洁能源应用等常识。具体内容如下:

(1)流体力学与建筑热工基本知识;
(2)建筑环境;
(3)建筑给水排水工程;
(4)建筑供暖工程;
(5)建筑通风工程;
(6)建筑空调工程;
(7)建筑电气工程;
(8)智能建筑工程;
(9)燃气供应工程;
(10)建筑节能与清洁能源应用。

思考题

1. 什么是建筑设备工程?
2. 建筑设备系统在建筑规模上的一般占比是多少?
3. 建筑设备系统在建筑造价上的一般占比是多少?
4. 建筑设备系统对环境的影响有哪些?

第二章

流体力学与建筑热工基本知识

第一节 液体的静压力

一、流体静压强的概念

流体静压强(Static Pressure)是指流体处于平衡或相对平衡状态时，作用在流体的应力只有法向应力，而没有切向应力，此时，流体作用面上的负的法向应力即流体静压强。

$$p=\frac{\Delta P}{\Delta A} \tag{2-1}$$

压强的单位是 N/m^2 或 Pa。

二、流体静压强的特性

(1)流体静压强的方向必然是沿着作用面的内法线方向，因为静止流体不能承受拉应力且不存在切应力，所以只存在垂直于表面内法线方向的压应力——压强。

(2)在静止或相对静止的流体中，任意一点的流体静压强的大小与作用面的方向无关，只与该点的位置有关。

三、重力作用下流体静压强的分布规律

自然界中最常见的质量力为重力，因此，这一节主要研究重力作用下流体静压强的分布规律，它同样适用于可以忽略密度变化的气体。

重力作用下流体静压强的分布规律可用以下方程表达：

$$p=p_0+\rho gh \tag{2-2}$$

式(2-2)表达了静压强的分布规律，通常称之为静压强基本方程，如图 2-1 所示。结合静压强基本方程可以看出，静压强 p 由表面压强 p_0 和余压强 ρgh 两部分组成，它是由位于该点以上的液体重量引起的，h 为某点的淹没深度。

$$z + \frac{p}{\rho g} = C \tag{2-3}$$

这是静压强的另一种形式,它表示在静止液体中,z 代表某点到基准面的高度,如图 2-1 所示。

对于静止流体中的任意两点,由式(2-3)可得

$$z_1 + \frac{p_1}{\rho g} = z_2 + \frac{p_2}{\rho g} \tag{2-4}$$

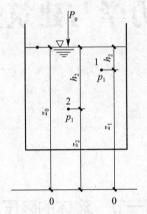

图 2-1 静止流体压强基本规律

第二节 流动阻力

在工程实践中,能量损失的大小是至关重要的,它关系到工程目的能否实现及工程投资的多少,所以,对流动阻力与能量损失的分析是流体力学的重要课题之一。

一、流动阻力的分类及其计算

由于流体具有黏滞及固体边壁的不光滑,所以,流体在流动过程中既受到存在相对运动的各流层之间内摩擦力的作用,又受到流体与固体边壁之间摩擦阻力的作用。同时,由于固体边壁形状的变化,也会对流体流动产生阻力。为了克服上述流动阻力,必须消耗流体所具有的机械能,称为能量损失或水头损失。流动阻力和水头损失可分为以下两种形式。

1. 沿程阻力和沿程水头损失(Frictional Head Loss)

流体在长直管(或明渠)中流动时,所受到的摩擦力称为沿程阻力,单位质量的流体所消耗的机械能称为沿程水头损失,常用 h_f 表示。如图 2-2 所示,沿程损失与管段长度成正比,与管径成反比,即管径大的流段,水头线下降较慢;而管径小的流段,水

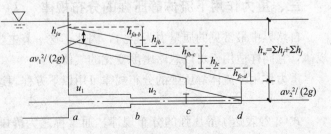

图 2-2 沿程损失和局部损失

头线下降较快。工程上计算沿程损失的公式为

$$p_f = \lambda \frac{l\rho}{d} \frac{v^2}{2} \text{ 或 } h_f = \lambda \frac{l}{d} \frac{v^2}{2g} \tag{2-5}$$

2. 局部阻力和局部水头损失(Local Head Loss)

流体的边界在局部地区急剧变化时，迫使流体流速的大小和方向发生显著变化，甚至使主流脱离边壁形成旋涡，流体质点之间产生剧烈的碰撞，从而对流体运动形成了阻力，这种阻力称为局部阻力。除旋涡外，摩擦损失和扩散损失等也是局部阻力形成的主要因素。为了克服局部阻力，单位质量的流体所消耗的机械能称为局部水头损失，通常用 h_j 表示。

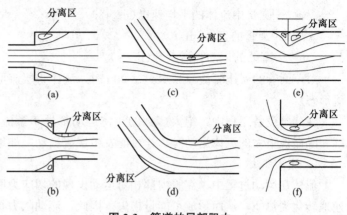

图 2-3 管道的局部阻力
(a)突扩管；(b)突缩管；(c)合流三通管；
(d)管道弯头；(e)闸阀；(f)管道进口

如图 2-3 所示，在管道系统中，在管径不变的直管段上，只有沿程水头损失 h_f，在管道入口处、管道变径处、弯头及闸门等水流边界急剧变化处产生局部水头损失 h_j。

二、沿程阻力与沿程损失

1. 两种流动状态

1876—1883 年，英国物理学家雷诺经过多次实验发现，在不同条件下，流体运动有不同的运动状态——层流和紊流，从而形成不同的能量损失。下面简单介绍这个实验的情况。

图 2-4 所示为一玻璃管中水的流动。不断投加红颜色水于液体中。当液体流速较低时，玻璃管内有股红色水流的细流，像一条线一样，如图 2-4(a)所示，说明水流是成层成束地流动，各流层之间并无质点的掺混现象，这种水流形态称为层流。如果加大管中水的流速，红颜色水随之开始动荡，呈波浪形，如图 2-4(b)所示。继续加大流速，将出现红颜色水向四周扩散，质点或液团相互混掺，流速越大，混掺程度越大，这种水流形态称为紊流，如图 2-4(c)所示。判断流体的流动形态，常用无因次量纲分析方法得到无

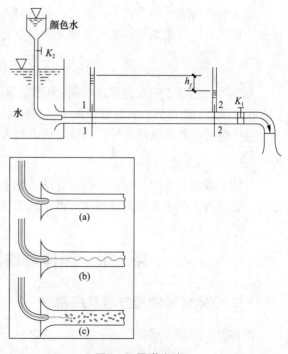

图 2-4 雷诺实验
(a)层流；(b)波浪形流动；(c)紊流

因次量——雷诺数 Re 来判别,即

$$Re = \frac{vd}{v} \tag{2-6}$$

式中　Re——雷诺数;
　　　v——圆管中流体的平均速度(m/s);
　　　d——圆管的直径(m);
　　　v——流体的运动黏滞系数(m²/s)。

对于圆管的有压管流:当 Re<2 000 时,流体为层流形态;当 Re>2 000 时,流体为紊流形态。

在建筑设备工程中,绝大多数的流体运动都处于紊流形态;只有在流速很小、管径很细、黏滞性很大的流体运动时,才可能发生层流运动,如地下水渗流、油管输送等。

2. 计算方法

流体在运动过程中,克服内部相对运动出现的切应力所做的功,将使其部分机械能不可逆地转化为热能,从而形成了能量损失。因此,流动阻力是造成能量损失的原因。而产生阻力的内因是流体的黏滞性,外因则是固体壁面对流体的阻滞和扰动作用。

综上所述,流体不同的流动状态,其沿程阻力系数 λ 的计算也不同。

三、局部阻力

实际的管路系统都要安装一些阀门、弯管、弯径、三通等管件,用以控制和调节管内的流动。流体经过这些管件时,由于边壁或流量的改变,会造成主流与边壁的脱离,形成旋涡区,同时引起流速的分布发生变化。由此将产生较为集中的能量损失,即局部损失 h_j。

管流的各种管件种类繁多,因此,非均匀流动中各种局部阻力形成的原因十分复杂,目前还不能逐一进行理论分析和建立准确的计算公式。工程上采用的计算公式为

$$h_j = \zeta \frac{v^2}{2g} \text{ 或 } p_j = \zeta \frac{\rho v^2}{2} \tag{2-7}$$

局部阻力系数 ζ 的取值多是根据管配件、附件的不同,由实验测出。各种局部阻力系数 ζ 值可查有关手册得到。将各管段的水头损失计算相叠加就可得到整个管道的总水头损失。

整个管道的总水头损失等于各管段的沿程水头损失与各局部水头损失分别叠加之和,即 $h_l = \sum h_f + \sum h_j$。

在给水排水与采暖工程中,确定管路系统中流体的水头损失是进行工程计算的重要内容之一,也是对工程中有关的设备和管路中的管径进行选择的重要依据。

第三节　流体管道系统的压力分布

一、液体管路能量方程及应用

液体管路能量方程为

$$z_1 + \frac{p_1}{\rho g} + \frac{\alpha_1 v_1^2}{2g} = z_2 + \frac{p_2}{\rho g} + \frac{\alpha_2 v_2^2}{2g} + h_{l1-2} \tag{2-8}$$

下面讨论式(2-8)中各项能量的意义:

(1)在渐变流的过流断面上,虽然各点的$\frac{p}{\rho g}$和z都不相同,但两者之和却是不变的,所以,$z+\frac{p}{\rho g}$就代表了总流过流断面上的平均单位势能。

(2)$\frac{\alpha v^2}{2g}$可理解为通过总流过流断面的单位质量流体所具有的平均动能。

流体在流动过程中,部分势能转化为动能,流速快的,势能转化成动能的就多。阻力做功随流程而增长,并且使机械能转化成热能而损失掉。从能量方程可知,运动流体的前后两个断面,上游断面的总单位机械能等于下游断面的总单位机械能加上两断面之间的单位机械能损失,这就是能量守恒。

能量方程式中的各项都具有长度的量纲,即可用一定的几何高度表示出来,工程上习惯称之为"水头"。

(3)z是对基准面的位置高度,称为位置水头。

(4)$\frac{p}{\rho g}$表示测压管高度,也称为压强水头。

(5)$z+\frac{p}{\rho g}$称为测压管水头。

(6)$\frac{\alpha v^2}{2g}$称为流速水头,也表示高度。

(7)$z+\frac{p}{\rho g}+\frac{\alpha v^2}{2g}$称为总水头。

(8)h_l在工程上习惯称之为水头损失。

由此可见,所谓"水头",是指单位重量流体具有的机械能。既然能量方程中各项都是长度量纲,于是就可以将总流沿程的能量转化情况形象地表示出来,如图2-5所示。

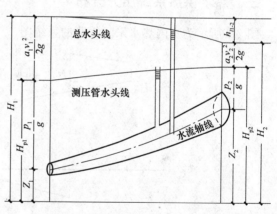

图 2-5 总水头线和测压管水头线

二、气体管路能量方程及应用

气体管路能量方程为

$$p_1+\frac{\rho v_1^2}{2}+g(\rho_a-\rho)(z_2-z_1)=p_2+\frac{\rho v_2^2}{2}p_{l1-2} \qquad (2-9)$$

气流能量方程与液流的相比较,除各项单位为压强,表示单位体积气流的平均能量外,对应项还有基本相近的意义:

p——一般采用相对压强,专业上习惯称为静压,但不能误解为静止气体的压强。它与液流中的压强水头相对应。

$\frac{\rho v^2}{2}$——专业上习惯称为动压,它与液流中的流速水头相对应。其表征断面流速没有能量损失的降至零所能转化成的压强。

$p+\frac{\rho v^2}{2}$——专业上习惯称之为全压,用符号p_q来表示。

$g(\rho_a-\rho)(z_2-z_1)$——称为位压。它与水头的位置水头差相对应。图 2-6 所示为气体管路通风机的全压和静压图。

如图 2-6 所示，2—3 段为吸入段，经过风机，4—5 段为压出段，从图中可以看出，当系统有能量输入时，能量线将发生"跳跃"。

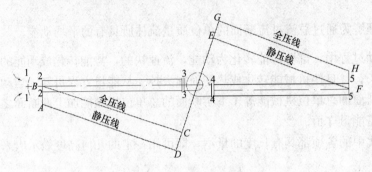

图 2-6 全压线和静压线

三、热水供热系统压力分布

图 2-7 所示为室内热水采暖管路的系统图。

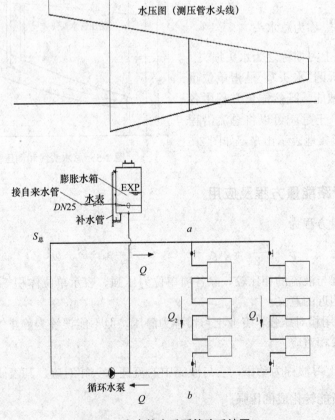

图 2-7 室内热水采暖管路系统图

第四节 建筑传热

传热是研究热量传递过程规律的一门科学。凡有温度差，就有热量自发地由高温物体传到低温物体。由于自然界和生产过程中到处存在温度差，因此，传热是自然界和生产领域中非常普遍的现象，传热学的应用领域也就十分广泛，在建筑问题上更不乏传热问题。例如，热源和冷源设备的选择、配套和合理有效利用；各种供热设备管道的保温材料及建筑围护结构材料等的研制及其热物理性质的测试、热损失的分析计算；各类换热器的设计、选择和性能评价；建筑物的热工计算和环境保护等，都要求具备一定的传热学理论知识。

一、传热的基本方式

传热方式由热传导（Conduction）、热对流（Convection）、热辐射（Radiation）三种基本方式组合而成。要了解传热过程的规律，就必须先分步分析三种基本传热方式。

1. 热传导

热传导又称导热，是指在物体内部或相互接触的物体表面之间，由于分子、原子及自由电子等微观粒子的热运动而产生的热量传递现象。纯导热现象可以发生在固体内部，也可以发生在静止的液体和气体之中。

建筑物中，大平壁导热是导热的典型问题。平壁导热量与壁两侧表面的温度差成正比；与壁厚成反比；与材料的导热性能有关。通过平壁的导热量计算公式为

$$\phi = A\lambda \frac{t_{w1} - t_{w2}}{\delta} \tag{2-10}$$

式中　A——壁面积(m^2)；

　　　δ——壁厚(m)；

　　　t_{w1}，t_{w2}——壁表面两侧的温度(℃)；

　　　λ——导热系数或导热率[W/(m·K)]。

热流密度 q 是指单位时间通过单位面积的热流量。其计算公式如下

$$q = \frac{\phi}{A} = \lambda \frac{t_{w1} - t_{w2}}{\delta} \tag{2-11}$$

2. 热对流

热对流是指由于流体的宏观运动使不同温度的流体相对位移而产生的热量传递现象。热对流只发生在流体之中，并伴随有微观粒子热运动而产生的导热。

若热对流过程中单位时间通过单位面积有质量 M[kg/(m^2·s)]的流体由温度 t_1 的地方流至 t_2 处，其比热容为 c_p[J/(kg·K)]，则此热对流传递的热流密度应为

$$q = Mc_p(t_2 - t_1) \tag{2-12}$$

传热工程上涉及的问题往往不单纯是热对流，而是流体与固体壁直接接触时的换热过程，这个过程是热对流和导热联合作用的热量传递过程，称为对流换热。对流换热的计算公式为

$$q = h\Delta t \tag{2-13}$$

式中　h——表面换热系数[W/(m^2·K)]；

　　　Δt——壁表面与流体温度差(℃)。

3. 热辐射

热辐射是指由于物体内部微观粒子的热运动而使物体向外发射辐射能的现象。其特点如下：

(1) 所有温度大于 0 K 的物体都具有发射热辐射的能力，温度越高，发射热辐射的能力越强；

(2) 所有实际物体都具有吸收热辐射的能力；

(3) 热辐射不依靠中间媒介，可在真空中传播；

(4) 物体之间以热辐射的方式进行的热量传递是双向的；

(5) 在红外范围内，绝大多数固体和液体的发射与吸收均只发生在表面以下很浅的距离内，即仅取决于材料表面的性质、特征和温度，与其内部状况无关。

以两个无限大平行平面之间的热辐射为例，两表面之间单位面积、单位时间辐射换热热流密度的计算公式为

$$q = C_{\mathrm{I},\mathrm{II}} \left[\left(\frac{T_1}{100} \right)^4 - \left(\frac{T_2}{100} \right)^4 \right] \tag{2-14}$$

式中 $C_{\mathrm{I},\mathrm{II}}$——I 和 II 为两表面的系统辐射系数，它取决于辐射表面材料的性质及状态，其值为 0～5.67；

T——热力学温度(K)。

二、传热过程

建筑工程中常遇到两流体通过墙壁面的换热，人们将热量从墙壁一侧的高温流体通过墙壁传给另一侧的低温流体的过程，称为传热过程。

现在考虑，有一大面墙壁，面积为 A；其一侧为温度 t_{f1} 的热流体，另一侧为温度 t_{f2} 的冷流体；两侧对流换热系数分别为 h_1 和 h_2，墙壁面温度分别为 t_{w1} 和 t_{w2}；墙壁材料的导热系数为 λ，厚度为 δ。假设传热工况不随时间变化，传热过程处于稳态过程(物体中各点温度不随时间改变的过程，称为稳态传热)，墙壁的长、宽均远大于厚度，可认为热流方向与墙壁面垂直。将该墙壁在传热过程中的各处温度描绘在 $t-x$ 坐标图上，如图 2-8 所示。

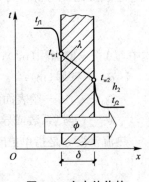

图 2-8 室内外传热

整个传热过程由以下三个相互串联的环节组成：

(1) 热量从高温流体以对流换热(或对流换热＋辐射换热)的方式传递给壁面，热流密度为 $q = h_1(t_{f1} - t_{w1})$。

(2) 热量从一侧壁面以导热的方式传递到另一侧壁面，$q = \dfrac{\lambda}{\delta}(t_{w1} - t_{w2})$。

(3) 热量从低温流体侧壁面以对流换热(或对流换热＋辐射换热)的方式传递给低温流体，$q = h_2(t_{w2} - t_{f2})$。

在稳态情况下，以上三式的热流密度 q 相等，三式相加，消去 t_{w1} 和 t_{w2}，整理后得该墙壁的传热热流密度为

$$q=\frac{1}{\frac{1}{h_1}+\frac{\delta}{\lambda}+\frac{1}{h_1}}(t_{f1}-t_{f2}) \tag{2-15}$$

设

$$k=\frac{1}{\frac{1}{h_1}+\frac{\delta}{\lambda}+\frac{1}{h_2}} \tag{2-16}$$

k 称为传热系数，它表明单位时间、单位墙壁面上，冷热流体之间每单位温度差可传递的热流，是反映传热过程强弱的量，国际单位为 $W/(m^2 \cdot K)$。R_k 为平壁单位面积传热热阻，即

$$R_k=\frac{1}{k}=\frac{1}{h_1}+\frac{\delta}{\lambda}+\frac{1}{h_2} \tag{2-17}$$

三、传热学在工程中的应用

1. 削弱传热（Weakening Heat Transfer）

在实际工程中，最常见的削弱传热的典型例子就是建筑围护结构。图 2-9 所示为双层压型钢板保温墙体，这种墙体能够削弱传热。

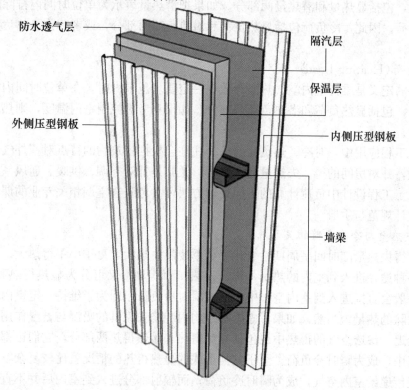

图 2-9 双层压型钢板保温墙体

2. 增强传热（Improving Heat Transfer）

在工程中，增强传热的例子是散热器，图 2-10 所示为最常见的家用采暖散热器，肋片的作用就是增强传热。

图 2-10　采暖散热器

第五节　建筑冷热负荷

在考虑控制室内热环境时,需要涉及房间的冷负荷和热负荷的概念。

1. 冷负荷(Cooling Load)

冷负荷的定义是维持室内空气热湿参数在一定要求范围内时,在单位时间内需要从室内除去的热量,包括显热量和潜热量两部分。如果把潜热量表示为单位时间内排除的水分,则可称作湿负荷。因此,冷负荷包括显热负荷和潜热负荷两部分,或者称作显热负荷与湿负荷两部分。

2. 热负荷(Heating Load)

热负荷的定义是维持室内空气热湿参数在一定要求范围内时,在单位时间内需要向室内加入的热量,包括显热负荷和潜热负荷两部分。如果只考虑控制室内温度,则热负荷就只包括显热负荷。

在实际工程应用中,对冷、热负荷的计算往往会根据建筑物的特点对室外气象参数进行不同的处理,并对房间的得、失热量有所取舍,尤其是针对空调、供暖、通风系统各有所侧重。这些关于工程设计中负荷计算的不同处理方法可参考暖通空调相关专业的课程教材或相关的工程设计规范与手册。

3. 得失热量与冷热负荷的关系

一天内得失热量随时间呈周期性变化,冬季凌晨失热大,夏季中午得热大。

通过各种途径进入到室内的热量,称为得热。而得热量又可分为显热得热和潜热得热。潜热得热一般会直接进入到室内空气中,形成瞬时冷负荷,即为了维持一定室内热湿环境而需要瞬时去除的热量。当然,如果考虑围护结构内装修和家具的吸湿与蓄湿作用,潜热得热也会存在延迟。渗透空气的得热中也包括显热得热和潜热得热两部分,它们也都会直接进入到室内空气中,成为瞬时冷负荷。至于其他形式的显热得热的情况就比较复杂,其中,对流部分会直接传递给室内空气,成为瞬时冷负荷;而辐射部分进入到室内后并不直接进入到空气中,而会通过长波辐射的方式传递到各围护结构内表面和家具的表面,提高这些表面的温度后,再通过对流换热的方式逐步释放到空气中,形成冷负荷。

因此,在大多数情况下,冷负荷与得热量有关,但并不等于得热量。如果采用送风空调形式,则室内负荷就是得热中的纯对流部分。如果热源只有对流散热,各围护结构内表面和各室内设施表面的温差很小,则冷负荷基本就等于得热量,否则冷负荷与得热量是不同的。

如果有显著的辐射得热存在，由于各围护结构内表面和家具的蓄热作用，冷负荷与得热量之间就存在着相位差和幅度差，即时间上有延迟，幅度也有衰减。因此，冷负荷与得热量之间的关系取决于房间的构造、围护结构的热工特性和热源的特性。当然，热负荷同样也存在这种特性。图 2-11 所示为得热量与冷负荷之间的关系。

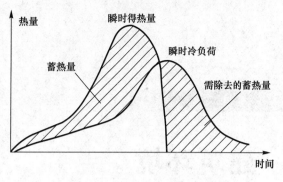

图 2-11　得热量与冷负荷的关系

4. 冷热负荷的计算

冷热负荷计算是暖通空调系统设计的依据。

(1)稳态计算法：采用室内外平均温差法，不考虑冷热负荷随时间的变化 $Q_d \neq f(\tau)$——稳态传热。计算粗略，常用于供暖系统计算冬季热负荷。

(2)动态计算法：考虑 $Q_d = f(\tau)$——非稳态传热。空调工程中常采用逐时系数进行计算。

思考题

1. 在重力作用下，液体的静压强有怎样的变化规律？
2. 液体管路能量方程各项的意义是什么？
3. 试分析热水供暖系统中的压力分布。
4. 试分析减小流体管路阻力的方法。
5. 热量传递有哪几种基本方式？
6. 试举例说明在建筑设备工程中，哪些场合需增强传热，哪些场合需削弱传热。
7. 试分析得热量与冷负荷的异同。

第三章

建筑环境

第一节 建筑外环境

建筑物所在地区的自然条件会通过围护结构直接影响建筑室内环境，为了满足建筑室内环境要求，并充分利用太阳能、室外空气、风能、地层蓄能等，必须了解影响建筑室内环境的建筑外环境参数，主要有太阳辐射、大气压力、风、室外空气温度、降水、地温等。

一、太阳辐射

太阳以电磁波的形式向外传递能量称为太阳辐射（Solar Radiation）。地球所接受到的太阳辐射能量仅为太阳向宇宙空间放射的总辐射能量的二十二亿分之一，但却是地球大气运动的主要能量源泉，也是光热、光电技术应用的主要来源。

太阳辐射的强弱用太阳辐射照度来表示，其定义为 $1\ m^2$ 黑体表面在太阳辐射下所获得的辐射能通量，单位为 W/m^2。在日地平均距离上，垂直于太阳光线的面上所接受的太阳辐射照度称为太阳常数，其大小为 $1\ 353\ W/m^2$。

我国幅员辽阔，有着十分丰富的太阳能资源。全国各地太阳年辐射总量为 $3\ 340 \sim 8\ 400\ MJ/(m^2 \cdot a)$。按照各地接受太阳总辐射量的多少，全国太阳能分布大致可划分为五类地区，见表3-1。

表3-1 中国太阳能资源分布表

地区类型	年日照时数/$(h \cdot a^{-1})$	年辐射总量/$[MJ \cdot (m^2 \cdot a)^{-1}]$	主要地区
一类（丰富区）	3 200~3 300	6 680~8 400	宁夏北部、甘肃北部、新疆南部、青海西部、西藏西部

续表

地区类型	年日照时数/(h·a⁻¹)	年辐射总量/[MJ·(m²·a)⁻¹]	主要地区
二类(较丰富区)	3 000~3 200	5 852~6 680	河北西北部、山西北部、内蒙古南部、宁夏南部、甘肃中部、青海东部、西藏东南部、新疆南部
三类(中等区)	2 200~3 000	5 016~5 852	山东、河南、河北东南部、山西南部、新疆北部、吉林、辽宁、云南、陕西北部、甘肃东南部、广东南部
四类(较差区)	1 400~2 000	4 180~5 016	湖南、广西、江西、浙江、湖北、福建北部、广东北部、陕西南部、安徽南部
五类(最差区)	1 000~1 400	3 344~4 180	四川大部分地区、贵州

二、气象条件

1. 大气压力

大气压力(Atmospheric Pressure)是指大气层中的物体受大气层自身重力产生的作用于物体上的压力。

在物理学中,把纬度为45°海平面(即海拔高度为零)上的常年平均大气压规定为1标准大气压(1 atm),其值为1标准大气压=760 mm汞柱=101 325 Pa。在建筑领域,工程大气压的应用较为广泛,1工程大气压=10 m水柱=98 000 Pa。

大气压力是随海拔高度而变化的,如图3-1所示。海拔越高,大气压力越小;大气压力还受密度变化的影响,空气的密度越大,也就是单位体积内空气的质量越多,其所产生的大气压力也越大。因此,在陆地的同一位置,冬季温度低,空气密度大,冬季大气压力比夏季大。

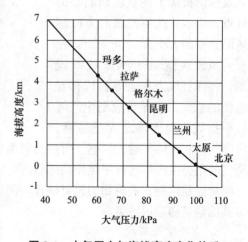

图3-1 大气压力与海拔高度变化关系

2. 风

风(Wind)是指大气压差所引起的大气水平方向的运动。风速和风向是描述风的两个特征参数,气象台公布的是开阔地面10 m高处的风速和风向。根据风对地上物体所引起的现象将风的大小分为13个等级,称为风力等级,简称风级,见表3-2。

表 3-2 蒲福风力等级表

风力等级	自由海面状况浪高		陆地地面征象	距地 10 m 高处的相当风速/(m·s⁻¹)
	一般/m	最高/m		
0	—	—	静，烟直上	0～0.2
1	0.1	0.1	烟能表示方向，但方向标不能转动	0.3～1.5
2	0.2	0.3	人面感觉有风，树叶微响，方向标能转动	1.6～3.3
3	0.6	1.0	树叶及微枝摇动不息，旌旗展开	3.4～5.4
4	1.0	1.5	能吹起地面灰尘和纸张，树的小枝摇动	5.5～7.9
5	2.0	2.5	有叶的小树摇摆，内陆的水面有小波	8.0～10.7
6	3.0	4.0	大树枝摇动，举伞困难	10.8～13.8
7	4.0	5.5	全树摇动，迎风步行感觉不便	13.9～17.1
8	5.5	7.5	树枝折毁，人向前行，感觉阻力甚大	17.2～20.7
9	7.0	10.0	建筑物有小损，烟囱顶部及平屋摇动	20.8～24.4
10	9.0	12.5	可使树木拔起或使建筑物损坏较重，陆上少见	24.5～28.4
11	11.5	16.0	陆上很少见，有则必有广泛破坏	28.5～32.6
12	14.0	—	陆上绝少见，摧毁力极大	32.7～36.9

风玫瑰图（图 3-2）是在极坐标底图上绘制出的某一地区在某一时段内各风向出现的频率或各风向的平均风速的统计图，因图形似玫瑰花朵，故名风玫瑰图。风玫瑰图折线上的点距离圆心的远近，表示从此点向圆心方向刮风的频率的大小。

风玫瑰图对于涉及城市规划、环保、风力发电等领域有着重要的意义。在城市规划中，可以根据风玫瑰图确定大型易燃、

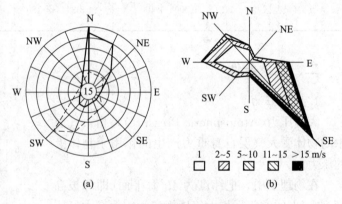

图 3-2 某地的风玫瑰图
(a)风向频率分布图；(b)风速频率分布图

可燃气体和液体贮罐，易燃、可燃材料堆场，大型可燃物品仓库，以及散发可燃气体、液体蒸气的甲类生产厂房或甲类物品库房与生活区的位置。厂区总平面图可以根据风玫瑰图确定不同功能建筑物、构筑物的相对位置，例如，污染较大的锅炉房要放在下风向的位置，以免对其他建筑物造成污染。

3. 室外空气温度

一般来说，气象台测量室外空气温度（Outdoor Air Temperature）是将温度计放在距离地面 1.5 m 的百叶箱内进行测量，如图 3-3 所示。通风良好且不受阳光直射和其他物体遮挡，地面又是草坪，这样测出的温度可以排除外界因素的影响，以保证测量数值的准确。

室外空气温度变化用年较差和日较差两个参数表示。年较差是指最冷月和最热月的月平均气温差；日较差是指一日内气温的最高值和最低值之差。图 3-4 所示为一天 24 h 的温度、湿度变化曲线，可见最高值通常出现在 14 时左右，最低值出现在日出前后。

室外空气湿度是表示室外空气中水汽含量和湿润程度的气象要素。室外空气湿度主要由

绝对湿度和相对湿度两个参数来表示。在一天中室外空气绝对湿度因为受室外空气温度影响，数值比较稳定，而室外空气相对湿度有较大的变化，室外空气相对湿度的变化与室外空气温度的变化趋势相反，如图 3-4 所示。

图 3-3　百叶箱测温

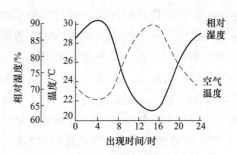

图 3-4　室外空气温度、湿度变化

4. 降水

降水（Precipitation）是指空气中的水汽冷凝并降落到地表的现象。其包括雨、雪、冰雹等。降水性质包括降水量、降水时间和降水强度。

(1) 降水量是指从天空降落到地面上的液态或固态水，未经蒸发、渗透、流失，而在水平面上积聚的深度，降水量以 mm 为单位。

(2) 降水时间是指一次降水过程从开始到结束的持续时间，用 h 或 min 来表示。

(3) 降水强度是指单位时间内的降水量。降水量以 24 h(mm) 的总量来划分：小于 10 mm 的为小雨；中雨为 10～25 mm；大雨为 25～50 mm；暴雨为 50～100 mm。

5. 地温

地温（Ground Temperature）是指地表面和以下不同深度处土壤温度的统称。白天接收太阳辐射热量后地面的温度逐渐升高，太阳落山以后地面的温度也随之开始下降，地温表现出明显的日变化。这种以 24 h 为周期的日变化波动的影响深度只有 1.5 m 左右。同时随着四季变化，也存在明显的年变化。但是这些变化一般随深度增加而减小。当达到一定深度，年变化衰减为零，地温达到了一个近似恒定值，此处称为恒温层。

由于地层的蓄热作用，浅层地温能（一般为恒温层至 200 m 埋深）作为一种清洁可再生能源应用越来越广泛。利用浅层地温能不但可以满足供暖（冷）的需求，同时还可以实现零污染排放，直接改善大气质量。

第二节　建筑热湿环境

建筑热湿环境是建筑环境中最重要的一部分内容，其主要成因是受各种外扰和内扰的影响。外扰主要是指太阳辐射、室外空气温、湿度、室外风速等气象条件和相邻房间空气温、湿度；内扰主要是指室内人员、照明、设备等室内热湿源。无论是通过围护结构的传热、传湿还是室内产热、产湿，其作用形式包括对流换热、导热和辐射三种形式，如图 3-5 所示。

图 3-5　建筑热、湿传递作用形式

一、围护结构的热、湿传递

1. 围护结构的热传递

由于围护结构热惯性的存在，通过围护结构的得热量与外扰之间存在着衰减和延迟的关系，衰减和延迟的程度取决于围护结构的蓄热能力。

由于围护结构的存在，传热量的峰值在幅度上出现衰减，在时间上存在延迟（图 3-6）；围护结构的蓄热能力越大，衰减和延迟的幅度越明显。因此，重型墙体传热量的峰值比轻型墙体的传热量的峰值小，延迟时间长。

透光围护结构主要包括玻璃门窗和玻璃幕墙等。其是由玻璃与其他透光材料（如热镜膜、遮光膜）及框架组成的。透光围护结构可以透过太阳辐射，这部分热量称为日射辐射得热，往往比导热传递的热量对热环境的影响还要大（图 3-7）。

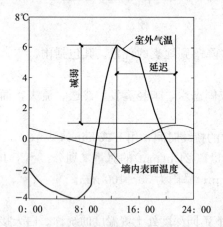

图 3-6　墙内表面与室外空气温度的关系

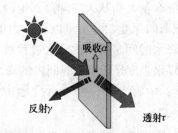

图 3-7　太阳辐射照射透光围护结构

我国采用 3 mm 厚标准玻璃作为标准透光材料，而在实际应用上多见加厚、low-E、双层玻璃，为了提高热阻往往在玻璃层中间充有空气或惰性气体。我国住宅建筑最常见的是铝合金框或塑钢框配单层或双层普通透明玻璃，双层玻璃之间为空气夹层，北方地区很多建筑装有两层单玻璃窗。大型公共建筑多采用有色玻璃或反射镀膜玻璃，部分新建筑采用 low-E 玻璃。随着绿色建筑和超低能耗建筑的发展，越来越多的建筑采用充有惰性气体的多层玻璃或高绝热性能的 low-E 玻璃。

2. 围护结构的湿传递

一般情况下，通过围护结构的湿传递少到可以忽略不计。但对于湿度控制有要求的室内环境，需要考虑通过围护结构的湿传递。

当围护结构两侧空气的水蒸气分压力不相等时，水蒸气将从分压力高向分压力低的一侧转移。当水蒸气分压力大于围护结构断面上温度对应的饱和水蒸气分压力时，就有水蒸气凝结或冻结现象，所以必要时设置蒸汽隔层或其他结构措施以避免围护结构损坏。

防水是屋面的主要功能之一，若屋面出现渗漏或积水现象，将是最大的弊病。对于不同建筑物类别，屋面防水等级和设防要求都有明确的规定。常见卷材防水屋面，做法是用胶粘剂粘贴卷材形成一整片防水层的屋面。其一般构造如图 3-8 所示。

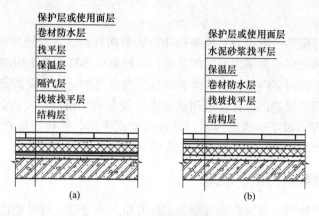

图 3-8 卷材防水屋面构造层次
(a)正置式屋面；(b)倒置式屋面

二、室内热、湿传递

1. 人体散热、散湿

要保证人体的各项功能正常需保持体温近似恒定，必须保持人体产热、散热平衡。在稳定的环境条件下，人体的蓄热应为零，这时人体能够维持能量平衡。当人体的余热量难以全部散出时，就会在人体储存起来，人体蓄热量就变成正值，导致体温升高，人体会感到不舒适。同样，如果人体蓄热量小于零，会导致人体体温降低，所以，人体总是自主调节尽量维持人体重要器官的温度相对稳定(图 3-9)。我国正常成年人静止时的体温（腋温）平均值为 36.8 ℃，变动范围为 36 ℃～37.4 ℃。

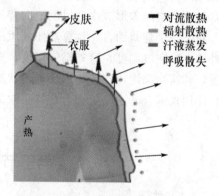

图 3-9 人体热湿传递

空气湿度对人体的散热量和散湿量也有重要影响。在一定温度下，空气相对湿度的大小，表示空气中水蒸气含量接近饱和程度。即使空气的温度是适宜的，但是湿度过高，会增加皮肤润湿度，感受为皮肤的"黏着性"增加，从而增加热和不舒适感。

2. 照明散热量

照明得热一般以显热形式进行散热。通常，照明所耗电能一部分转换为光能，另一部分直接转换成热能。后者以对流和热辐射的形式向周围环境散热。对流部分直接传递给空气而立即成为室内空气的负荷，热辐射则通过空气被周围物体吸收，使物体温度升高，然后将吸收的热量以对流换热的形式逐渐传递给室内空气，也有一部分能量会传递给室外空气。转化为光能那部分能量直接照射室内物体表面，被物体吸收后也转化为热能，在适合的条件下重新以对流换热的形式传递给室内空气或室外空气。

灯具形式直接影响灯具的散热效果。因此，照明得热应根据具体照明类型、灯具形式、布置方式、照明灯具数目等因素实测而得。采用光效高的光源、灯具效率高的照明设备，以及合理的照明方式是照明节能设计、降低照明负荷的关键。

3. 设备得热

设备散热形成的得热一般也有对流换热和热辐射两种形式。与照明得热形成负荷相似，其中，对流换热得热立刻成为室内空气的负荷，而辐射得热将蓄热于内围护结构表面和室内家具等表面，在随后的时间内热量会陆续释放到室内空气中。由于设备安装功率在工艺设计时按最大可能的使用情况进行设计，电动机功率、设备利用情况、室内各设备的开启时间、设备平均功率损耗等均属于不确定因素，设备的形式不同，散热的形式和效果也不同，所以，在设备得热计算时，应根据实际情况在安装功率的基础上加以修正，以保证计算准确。

三、空气渗透带来的热、湿量

由于建筑存在各种门、窗缝隙和其他类型的开口，室外空气有可能进入室内，从而给房间空气直接带来热量和湿量，并立即影响室内空气的温度和湿度，因此，需要考虑这部分室外空气经渗透进入室内带来的影响。

空气之所以能渗透进室内，根本原因在于缝隙处空气存在着一定的大气压力差。这个压力差由热压与风压共同组成。热压由室内外空气密度差而造成空气密度差，从而产生压差形成热气向上、冷气向下的空气流动现象。风压是因迎风面空气压力增高，背风面空气压力降低，从而产生压差形成由迎风面流向背风面的空气流动现象。

对于一个建筑而言，计算热压和风压的大小需要考虑到当地该季节的主导风速及风向，室外物，冷空气温度，室外空气湿度，建筑物门窗缝隙的大小、形状、朝向及建筑物的地理位置，建筑物高度，建筑物内部通道状况等因素。理论上，计算渗透量必须由风速及温差的联合作用来综合考虑，工程上往往采取简化计算，对于多层建筑风渗透耗热量主要考虑风压作用。

第三节　室内空气品质

随着人们生活水平的提高，一方面越来越多的人开始选择长期在室内环境中办公和生活；另一方面近年来室内空气品质(Indoor Air Quality)因各种原因而不断下降，如今越来越多的国家开始关注室内空气污染的问题，室内空气品质已经成为建筑环境学的一个新的研究重点。本部分内容主要介绍室内空气品质的概念和评价，进而讨论室内空气污染物对室内空气品质的影响及控制方法。

一、室内空气品质的定义

在1989年国际室内空气品质讨论会上，丹麦哥本哈根大学P. O. Fanger教授提出：所谓品质就是反映满足人们要求的程度，如人们满意，就是高品质；不满意就是低品质。

室内空气品质的主观定义反映了人的感觉和室内空气品质对人的影响，但有些有害物无色无味，难以用主观进行评价。对此美国供暖、制冷与空调工程师协会(简称ASHRAE)给出良好空气品质的定义：空气中没有已知的污染物达到公认的权威机构所确定的有害物浓度指标，且处于这种空气中的绝大多数人($\geqslant 80\%$)对此没有表示不满意。

在修订版的ASHRAE标准中，又提出了可接受的感知室内空气品质和可接受的室内空气品质等概念。前者的定义：空调房间中绝大多数人没有因为气味或刺激性而表示不满。后者的定义:空调房间中绝大多数人没有对室内空气表示不满意,并且空气中没有已知的污染物达到可能对人体健康产生威胁的浓度。前者是后者的必要而非充分条件。由于有些对人体有害的物质没有气味并且对人体没有刺激性,无法被感知,但对人体有害,所以用可接受的室内空气品质来评价更加合理。

二、室内空气品质标准

我国现行的空气品质标准是 2002 年正式颁布的《室内空气质量标准》(GB/T 18883—2002),本标准适用于住宅和办公建筑,其他室内环境可参照本标准执行。标准中的控制项目包括室内空气中影响身体健康相关的物理性、化学性、生物性和放射性等污染物控制参数,具体 19 项指标见表 3-3。

表 3-3 室内空气质量标准

序号	参数类别	参数	单位	标准值
1	物理性	温度	℃	(夏)22~28 (冬)16~24
2		相对湿度	%	(夏)40~80 (冬)30~60
3		空气流速	m/s	(夏)0.3 (冬)0.2
4		新风量	m³/(h·人)	30①
5	化学性	二氧化硫 SO_2	mg/m³	0.50
6		二氧化氮 NO_2	mg/m³	0.24
7		一氧化碳 CO	mg/m³	10
8		二氧化碳 CO_2	%	0.10
9		氨 NH_3	mg/m³	0.20
10		臭氧 O_3	mg/m³	0.16
11		甲醛 HCHO	mg/m³	0.10
12		苯 C_6H_6	mg/m³	0.11
13		甲苯 C_7H_8	mg/m³	0.20
14		二甲苯 C_8H_{10}	mg/m³	0.20
15		苯并[a]芘 B(a)P	mg/m³	1.0
16		可吸入颗粒物 PM10	mg/m³	0.15
17		总挥发性有机物 TVOC	mg/m³	0.60
18	生物性	细菌总数	cfu/m³	2 500
19	放射性	氡 ^{222}Rn	Bq/m³	400
①新风量要求≥标准值,除温度、相对湿度外的其他参数要求≤标准值。				

《民用建筑工程室内环境污染控制标准》(GB 50325—2020)规定,民用建筑工程验收时,必须进行室内环境污染物浓度检测,检测结果应符合表 3-4 的规定。

表 3-4　民用建筑工程室内环境污染物浓度限量

污染物	Ⅰ类民用建筑工程	Ⅱ类民用建筑工程
氡/$(Bq \cdot m^{-3})$	≤150	≤150
甲醛/$(mg \cdot m^{-3})$	≤0.07	≤0.08
氨/$(mg \cdot m^{-3})$	≤0.15	≤0.20
苯/$(mg \cdot m^{-3})$	≤0.06	≤0.09
甲苯/$(mg \cdot m^{-3})$	≤0.15	≤0.20
二甲苯/$(mg \cdot m^{-3})$	≤0.20	≤0.20
TVOC/$(mg \cdot m^{-3})$	≤0.45	≤0.50

注：1. 民用建筑工程根据控制室内环境污染的不同要求，划分为以下两类：Ⅰ类民用建筑工程：住宅、医院、老年建筑、幼儿园、学校教室等民用建筑工程；Ⅱ类民用建筑工程：办公楼、商店、旅馆、文化娱乐场所、书店、图书馆、展览馆、体育馆、公共交通等候室、餐厅、理发店等民用建筑工程。
2. 污染物浓度测量值，除氡外均指室内污染物浓度测量值扣除室外上风向空气中污染物浓度测量值（本底值）后的测量值。

三、影响室内空气品质的污染源

按污染物特性划分，污染源可分为以下三类。

1. 化学污染

化学污染物主要来自装修、家具、玩具、煤气热水器、杀虫喷雾剂、化妆品、吸烟、厨房的油烟等。其主要包括甲醛、苯及其同系物（甲苯、二甲苯）、醋酸乙酯等挥发的有机物（VOC）和 NH_3、CO、CO_2 等无机化合物。

2. 物理污染

物理污染主要为颗粒物、纤维材料、重金属、放射性、噪声、电磁辐射、光污染等。颗粒物中粒径小于 $10\mu m$ 称为可吸入颗粒物，小于 $2.5\mu m$ 称为呼吸性颗粒物，呼吸性颗粒能进入肺泡，对人体危害极大。纤维材料主要来自吸声或保温材料，如矿棉吸声板等；氡及其引发的放射性是一个重要的放射性污染源；电磁辐射主要来自室外及室内的电器设备。

3. 生物污染

生物污染主要是指细菌、真菌和病毒污染，常为寄生于地毯、毛绒玩具、被褥中的螨虫和其他细菌、真菌孢子、花粉及人和宠物的代谢产物等。例如，隐藏在空调制冷装置中的军团菌是一种致病菌，吸入人体后会出现上呼吸道感染及发热的症状，病死率高达15%～20%。

四、室内污染物的控制方法

室内污染物控制可通过以下三种方法实现。

1. 源头控制

首先考虑消除室内污染源，例如，采用不含挥发性有机物的装修材料、家具，当难以消除时，可考虑降低其散发强度。

2. 通新风稀释

通新风稀释是采用室外污染物浓度低的新鲜空气来稀释室内污染物浓度高的空气，以满足室内空气质量标准。

3. 空气净化

在源头控制和通新风稀释都无法实现将室内空气污染物降低到控制标准以下时，需要采用空气净化。空气净化是指利用空气净化设备将一种或多种污染物从空气中分离。空气净化方法主要包括过滤器过滤（图3-10）、吸附净化法、纳米光催化降解 VOCs、臭氧法、紫外线照射法、植物净化等。

图 3-10　过滤器

第四节　建筑声环境

一、声音的性质和基本物理量

(一) 声音的特性

声音是由物体振动产生的声波，是通过介质（空气、固体或液体）传播并能被人或动物听觉器官所感知的波动现象，如图 3-11 所示。

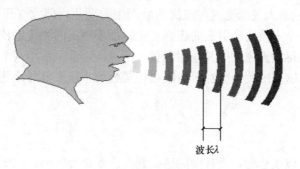

图 3-11　声波

声波可以用波长 λ、频率 f、声速 c 三个特性参数来表征。

1. 波长 λ（μm）

波长是指沿着波的传播方向，在波的图形中相对平衡位置的位移时刻，相同的相邻的或两个质点之间的距离，单位为 μm。

2. 频率 f（Hz）

通常情况下，人耳能听到声音的频率范围是 20～20 000 Hz。其频率高于 20 000 Hz 的声波称为超声，频率低于 20 Hz 的声波称为次声。

3. 声速

声速是介质中微弱压强扰动的传播速度，其大小因媒质的性质和状态而异。声音在不同介质中传播速度一般是固体＞液体＞气体,声的传播速度与介质的种类和介质的温度有关。

声音在各类物体中的传播速度:

真空:0 m/s(真空不能传声);

空气(15 ℃):340 m/s;

空气(25 ℃):346 m/s;

软木:500 m/s;

煤油(25 ℃):1 324 m/s;

蒸馏水(25 ℃):1 497 m/s;

铝:5 000 m/s。

(二)声音的计量

1. 声功率、声强和声压

(1)声功率。声功率是指声源在单位时间内向外辐射的声能。声源声功率有时指的是在某个频带的声功率,此时需要注明所指的频率范围。在噪声检测中,声功率指的是声源总声功率,单位为 W。

(2)声强。声强是指单位时间内垂直于声波传播方向上的单位面积的声功率,单位为 W/m^2。声强是衡量声波在传播过程中声音强弱的物理量。在无反射声波的自由场中,点声源发出的球面波,均匀地向四周辐射声能。因此,距离声源中心的球面上的声强为

$$I=\frac{W}{4\pi r^2} \tag{3-1}$$

(3)声压。声压就是大气压受到声波扰动后产生的变化,即大气压强的余压,它相当于在大气压强上叠加一个声波扰动引起的压强变化。由于声压的测量比较容易实现,通过声压的测量也可以间接求得质点速度等其他物理量,所以,声学中常用这个物理量来描述声波。

声压与声强有着密切的关系。在自由场中,某处的声压平方与该处的声强、介质密度和声速成正比,即

$$p^2=I\rho c \tag{3-2}$$

2. 声级

人耳对声音是比较敏感的,人耳刚能感受到的声音称为听阈,声压 $p_0=2\times10^{-5}$ Pa,人耳能忍受的最大声音称为烦恼域,声压 $p=20$ Pa,所以,人耳的可听阈为 $2\times10^{-5}\sim20$ Pa。数据范围太大,并且人的听觉响应与声压呈对数关系,所以,通过定义声压级来进行计量。

(1)声压级。声压级是指与人们对声音强弱的主观感觉相一致的物理量,单位为分贝(dB),计算公式如下

$$L_p=20\lg\frac{p}{p_0} \tag{3-3}$$

将人耳可听域声压数值代入式(3-3),声压级范围变成 0～120 dB。

(2)声级的叠加。声强可以直接叠加,故有 $I=\sum I_i$。

根据公式可得出总声压与各声压的关系:

$$p=\sqrt{\sum p_i^2} \tag{3-4}$$

n 个声压级为 L_{p1} 的音叠加,总声压级为

$$L_p = 20\lg\frac{\sqrt{np_1^2}}{p_0} = L_{p1} + 10\lg n \tag{3-5}$$

当两个数值相等的声压级叠加时,即 $n=2$ 时,声压级会比原来增加 3 dB。若两个不同声源叠加,差别超过 10~15 dB,则可以忽略。

二、噪声

1. 定义

噪声(Noise)物理学定义是发声体做无规则振动时发出的声音。噪声心理学定义是妨碍人们正常休息、学习和工作的声音,以及对人们要听的声音产生干扰的声音。从这个意义上来说,噪声的来源很多,如街道上的汽车声、安静的图书馆里的说话声、建筑工地的机器声及邻居电视机过大的声音,都是噪声。由于噪声妨碍健康,影响工作效率,且随工业与交通的发展而日趋严重,有人认为噪声污染是除大气污染、水体污染外的城市第三大污染。

2. 掩蔽效应

人们在安静环境中听一个声音可以听得很清楚,即使这个声音的声压级很低时也可以听到,即人耳对这个声音的听阈很低。如果存在另一个声音,就会影响到人耳对所听声音的听闻效果,这时对所听的声音的听阈就要提高。人耳对一个声音的听觉灵敏度因为另一个声音的存在而降低的现象叫作掩蔽效应。

3. 噪声的测量

测量声音响度级与声压级时所使用的仪器称为声级计,是声学测量中最基本而又最常用的仪器,如图 3-12 所示。在声级计中设有 A、B、C、D 四套计权网络。A 计权网络是参考 40 方等响曲线,对 500 Hz 以下的声音有较大的衰减,以模拟人耳对低频不敏感的特性。通常人耳对不太强的声音的感觉特性与 40 方的等响曲线很接近,因此,在音频范围内进行测量时,多使用 A 计权网络。

图 3-12 声级计

4. 噪声的控制

为提高民用建筑的使用功能,保证室内有良好的声环境,《民用建筑隔声设计规范》(GB 50118—2010)对隔声减噪设计标准等级做了明确规定,部分建筑见表 3-5 和表 3-6。

表 3-5 住宅内的允许噪声级

房间名称	允许噪声级(A 声级,dB)	
	昼间	夜间
卧室	≤45	≤37
起居室(厅)	≤45	
高要求卧室	≤45	≤37
高要求起居室(厅)	≤40	

表 3-6 学校建筑室内允许噪声级

房间名称	允许噪声级（A 声级，dB）	
	昼间	夜间
语音教室、预览室	≤40	
普通教室、实验室、计算机房	≤45	
音乐教室、琴房	≤45	
舞蹈教室	≤50	
教师办公室、休息室、会议室	≤45	
健身房	≤50	
教学楼中封闭的走廊、楼梯间	≤50	

为将环境噪声控制在标准范围内，可以采取以下措施：

(1) 在声源处减弱噪声。降低声源噪声，工业、交通运输业可以选用低噪声的生产设备和改进生产工艺，或者改变噪声源的运动方式（如用阻尼、隔振等措施降低固体发声体的振动），得以从根源上减少噪声。

(2) 在传播途径中减弱噪声。在传音途径上降低噪声，控制噪声的传播，改变声源已经发出的噪声传播途径，如采用吸声、隔声、声屏障、隔振等措施，以及合理规划城市和建筑布局等。

(3) 在人耳处减弱噪声。受音者或受音器官的噪声防护，在声源和传播途径上无法采取措施，或采取的声学措施仍不能达到预期效果时，就需要对受音者或受音器官采取防护措施，如长期职业性噪声暴露的工人可以戴耳塞、耳罩或头盔等护耳器。

第五节 建筑光环境

建筑光环境（Building Light Environment）是建筑环境中一个非常重要的组成部分。人们对光环境的需求与所从事的活动有密切关系。在进行生产、工作和学习的场所，适宜的照明可以振奋人的精神、提高工作效率、保证产品质量、保障人身安全与视力健康。

在保证满足室内光环境要求的条件下，最大限度地降低照明能耗，从而减少建筑总能耗，对节能减排具有重要的意义。

一、基本光度单位

光的波长范围很大（第三章第一节中太阳辐射已介绍），建筑照明主要研究其中的可见光部分（$0.38 \sim 0.78 \mu m$）。

1. 光通量

光源在单位时间内，向周围辐射出的使人产生光感觉的能量，称为光通量 Φ，其单位为流明（lumen，lm）。光通量是说明光源发光能力的基本量，40 W 白炽灯发射的光通量为 350 lm，40 W 荧光灯发射的光通量为 2 100 lm。

2. 发光强度

光源在某一方向单位立体角内所发出的光通量,称为光源在该方向的发光强度,符号为 I,单位为坎德拉(cd)。40 W 的白炽灯在其正下方有 30 cd 的发光强度,如果加上白色搪瓷灯罩发光强度可达到 70 cd,由此可知,光源发出的光通量没有变,但灯罩改变了光通量的空间分布,所以发光强度发生变化。

3. 照度

单位面积上所接受的光通量叫作照度,用符号 E 表示,单位是勒克斯(lx)。照度是表示被照面上光强弱的物理量,它不仅与光通量和面积有关,还与光强和距离有关。

在装有 40 W 白炽灯的书写台灯下看书,桌面照度平均为 200~300 lx;晴天室外中午阳光下照度可达 80 000~120 000 lx;月光下的照度只有几个勒克斯。

《建筑照明设计标准》(GB 50034—2013)中对照度和照明功率限值做了具体规定,摘取部分数值列于表 3-7 中。

表 3-7 建筑照明设计标准限值

房间或场所	照度标准值/lx	照明功率密度限值/(W·m^{-2})	
		现行值	目标值
普通办公室	300	≤9.0	≤8.0
会议室	500	≤9.0	≤8.0
高要求卧室	300	≤9.0	≤8.0
教室、阅览室	300	≤9.0	≤8.0
美术教室	500	≤15	≤13.5
学生宿舍	150	≤5.0	≤4.5

4. 亮度

在前述照明设计标准中,是以照度值来衡量设计优劣的。但是即使在同一照度下,并排着黑、白两个物体,看起来白色物体要亮一些,是因为眼睛不能直接感受照射到物体上的照度作用。在所有光度量中,亮度是唯一能描述眼睛直接感受的量。亮度的定义为发光体在视线单位面积上的发光强度,国际单位为尼特(nt)。荧光灯管为 1 000~6 000 nt,烛光约为 0.5 nt。

二、舒适光环境的影响因素

1. 适当的照度或亮度水平

研究人员对办公室和车间等工作场所对各种照度条件下的满意度做过大量调查。发现随着照度的增加,满意度也增加,最大满意度的照度为 1 500~3 000 lx。照度超过此数值,满意的人反而减少,这说明照度或亮度要适当。

物体亮度取决于照度,照度过大,会使物体过亮,容易引起视觉疲劳和视觉灵敏度的下降。如夏日在室外看书时,若物体亮度超过 16 nt,就会感到刺眼,不能长久坚持工作。

2. 合理的照度、亮度分布

通常距离地面高为 0.7~0.8 m 的水平面为工作面。考虑到人眼的明暗视觉适应过程,工作面上的照度应该尽可能地均匀，否则很容易引起视觉疲劳。通常认为空间内照度最大值、最小值与平均值相差不超过 1/6，是可以接受的。

3. 宜人的光色

光源的颜色质量常用光源的表观颜色和显色性表示。按光源的表观颜色不同，可分为冷色光源、暖色光源和中间色光源。灯光对其所照射物体颜色的影响作用称为光源的显色性，主要有 5 个主色调，如图 3-13 所示，宜人的光色会使人心情愉快。

4. 避免眩光干扰

当视野内出现高亮度或过大的亮度对比时，会引起视觉上的不舒适、烦恼或视觉疲劳，这种高亮度对比称为眩光。其是评价光环境舒适性的一个重要指标。当这种亮度或大亮度对比被人眼直接看到时，称为直接眩光；若是从视野内的光滑表面反射到眼睛，则称为反射眩光或间接眩光。眩光会使人感到不舒适、极不舒适以致影响视力。

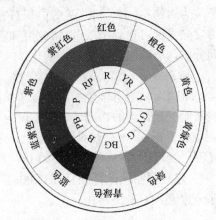

图 3-13 红黄绿蓝紫色调图

三、天然光源与人工光源

在人类生产、生活与进化过程中，天然光是长期以来唯一的光源，仅在近 100 年人们才使用电光源。人眼已习惯在天然光下看物体。天然采光是对自然能源的利用，是实现可持续发展的路径之一。并且窗户在完成自然采光的同时，还可满足人们室内外视觉沟通的心理需求，为室内人员创造一个愉快舒适的生活与工作环境。

1. 天然光与人工光的视觉效果

人借助视觉器官完成视觉作业的效能称为视觉功效。通常用完成作业的速度和精度定量地评价。视觉功效主要与视角、照度、亮度对比系数和识别时间有关。人眼在天然光下比在人工光下有更高的灵敏度，尤其是在低照度下或看小物体时，更为明显。

2. 人工光源

虽然天然光具有很多优点，但其应用受到时间和地点的限制。建筑物内不仅在夜间必须采用人工照明，在某些场合，白天也需要人工照明。人工照明的光源按其发光机理可分为热辐射光源和气体放电光源。前者靠通电加热钨丝，使其处于炽热状态发光；后者靠放电产生的气体离子发光。

人工照明的目的是按照人的生理、心理和社会的需求，创造一个人为的光环境。人工照明主要可分为工作照明和装饰照明。前者主要满足人们生活上和工作上的实际需要，具有实用性目的；后者主要满足人们心理上、精神上和社会上的观赏需要，具有艺术性目的。

3. 光导管照明系统

光导管照明系统又叫作自然光照明、日光照明等，利用这种系统的建筑物白天可以利用自然光进行室内照明。光导管照明系统主要由采光装置、导光装置、漫射装置三部分组成，如图 3-14 所示。

(1) 采光装置。一般采用进口 PC 材质或亚克力工程塑料注塑加工而成，透光性能好、抗冲击性能优异、耐老化。可滤掉 90% 的紫外线，能有效地防止紫外线对室内物品的破坏。

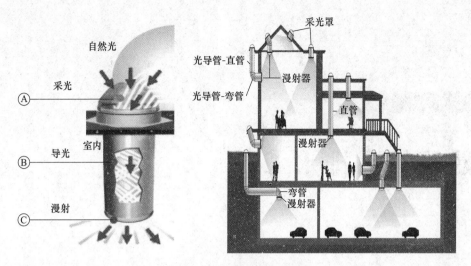

图 3-14 光导管工作原理图

(2) 导光装置。通常由铝材制作而成，厚度为 0.4 mm，具有超强反射和汇聚日光的作用，反射率高达 98%。

(3) 漫射装置。利用透镜将光线均匀地漫射到室内，使房间内无论白天什么时候都可以沐浴在舒适的自然光中，使光线更加柔和、均匀，不会产生眩光。

光导管照明系统具有节能、环保、健康、安全、光效好、使用寿命长等优点，但相对于传统荧光灯初投资较高。

思考题

1. 影响建筑室内环境的建筑外环境参数有哪些？
2. 建筑物通常通过哪些环节来得失热量？
3. 简述影响室内空气品质的污染物及其控制方式。
4. 采取哪些措施可将环境噪声控制在标准范围内？

第四章

建筑给水排水工程

建筑给水排水工程(Building Water Supply and Drainage Engineering)是建筑设备工程的重要组成部分。其主要是通过经济、合理、适用的建筑给水排水系统,来满足人们的正常生活、生产及其他工作的需要,实现建筑功能保障建筑安全的一门学科。其主要分为建筑给水系统、建筑排水系统(含雨水及污水、废水)、建筑消防系统、景观系统、热水系统、中水系统等。

第一节 建筑给水系统的分类与组成

建筑内部给水系统(Building Internal Water Supply System)是将城镇给水管网或自备水源给水管网的水引入室内,经配水管送至生活、生产和消防用水设备,并满足用水点对水量、水压和水质要求的冷水供应系统。

一、给水系统的分类

室内给水系统按用户对水质、水压、水量、水温的要求不同,并结合外部给水系统情况,可分为生活给水系统、生产给水系统和消防给水系统三种基本给水系统。

1. 生活给水系统

生活给水系统(Domestic Water Supply System)是指供民用住宅、公共建筑及工业企业建筑内饮用、烹调、盥洗、洗涤、淋浴、冲厕、清洗地面等生活方面用水所设的给水系统。生活给水系统除满足所需的水量、水压要求外,其水质应符合国家规定的生活饮用水水质标准。

根据具体用途不同,生活给水系统又可分为生活饮用水(优质饮水)系统、管道直饮水系统、生活杂用水系统。

(1)生活饮用水(优质饮水)系统是指供饮用、烹调、盥洗、洗涤、淋浴等用水,水质应符合《生活饮用水卫生标准》(GB 5749—2006)的要求。

(2)管道直饮水系统是指供直接饮用和烹饪用水，水质应符合《饮用净水水质标准》(CJ 94—2005)的要求。

(3)生活杂用水系统是指供冲厕、绿化、洗车或冲洗路面等用水，水质应符合《城市污水再生利用 城市杂用水水质》(GB/T 18920—2020)的要求。

2. 生产给水系统

生产给水系统(Production Water Supply System)是指为工业企业生产方面用水所设的给水系统。如冷却用水、原料和产品的洗涤用水、生产空调用水、稀释用水、除尘用水、锅炉的软化用水及某些工业原料的用水等几个方面。生产用水对水质、水量、水压的要求因生产工艺及产品不同而异。由于工艺过程和生产设备的不同，这类用水的水质要求有较大的差异，有的低于生活用水标准，有的远远高于生活饮用水标准，工业用水水质标准种类繁多，它是根据生产工艺要求制定，在使用时应满足相应工艺要求。

3. 消防给水系统

消防给水系统(Fire Water Supply System)是指为建筑物扑救火灾而设置的给水系统。消防给水系统按照使用范围和水流形态的不同可分为消火栓给水系统(包括室内消火栓给水系统、室外消火栓给水系统)、消防软管卷盘和自动喷水灭火系统(包括湿式系统、干式系统、预作用系统、重复启闭预作用系统、雨淋系统、水幕系统、水喷雾系统)等。消防水用于灭火和控火，其水质应满足《城市污水再生利用 城市杂用水水质》(GB/T 18920—2020)中消防用水的要求，并应按照《建筑设计防火规范(2018年版)》(GB 50016—2014)的要求保证供给足够的水量和水压。

在一幢建筑内，可以单独设置以上三种给水系统，也可以按水质、水压、水量和安全方面的需要，结合室外给水系统的情况，组成不同的共用给水系统。如生活、消防共用给水系统；生活、生产共用给水系统；生产、消防共用给水系统；生活、生产、消防共用给水系统。

给水系统的选择应根据生活、生产、消防等各项用水对水质、水量、水压、水温的要求，结合室外给水系统的实际情况，经技术经济比较或采用综合评判法确定。

二、给水系统的组成

建筑内部给水系统(Building Internal Water Supply System)是由装有水表的房屋引入管(进户管)、水平干管、立管、支管、给水附件、配水装置和用水设备、计量设备(水表等)、加压设备及贮水设备(水箱等)、消火栓或自动喷洒消防设备等组成的，如图4-1所示。

1. 引入管

引入管(Inlet Pipe)是指穿越建筑物承重墙或基础的管道，是室外给水管网与室内给水管网之间的联络管段，也称进户管、入户管。

一般建筑引入管可以只设一条。不允许间断供水的建筑，引入管不少于两条，应从室外环状管网不同管段引入。引入管设两条时，应分别从建筑物的两侧引入，以确保安全供水。当一条管道出现问题需要检修时，另一条管道仍可保证供水。若必须同侧引入时，两条引入管的间距不得小于15 m，并在两条引入管之间的室外给水管上安装阀门。

2. 水表节点

水表节点(Water Meter Node)是安装在引入管上的水表及其前后设置的阀门和泄水装置的总称。

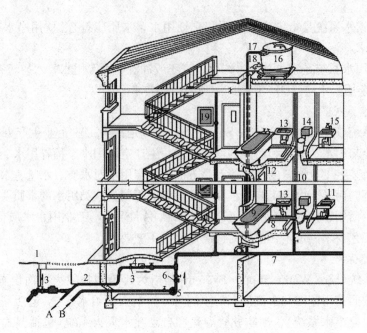

A—入贮水池；B—来自贮水池
1—阀门井；2—引入管；3—闸阀；4—水表；5—水泵；6—止回阀；7—干管；
8—横支管；9—浴盆；10—立管；11—水嘴；12—淋浴器；13—洗脸盆；14—大便器；
15—洗涤盆；16—水箱；17—水箱进水管；18—水箱出水管；19—消火栓

图 4-1 建筑内部给水系统示意

给水引入管上应装设水表来计量建筑物的总用水量。为了水表修理、拆装和读数的方便，需要设水表井。水表及相应的配件都装设在水表井内，如图 4-2 和图 4-3 所示。

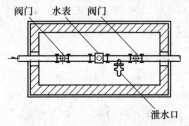

图 4-2 无旁通管的水表节点

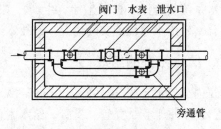

图 4-3 有旁通管的水表节点

3. 给水管道

给水管道（Water Supply Pipe）指的是建筑内水平干管、立管、横支管和分支管，用于输送和分配用水。

(1) 干管（Main Pipe）：又称总干管，是指将水从引入管输送至建筑物各区域的管段。

(2) 立管（Stand Pipe）：又称竖管，是指将水从干管沿垂直方向输送至各楼层、各不同标高处的管段。

(3) 支管（Branch Pipe）：又称分配管，是指将水从立管输送至各房间内的管段。

4. 给水附件

给水附件（Water Supply Accessory）是指管道系统中调节水量、水压、控制水流方向、改善水质及关断水流,便于管道、仪表和设备检修的各类阀门和设备。给水附件包括各种阀门(控制阀、减压阀、单向阀、止回阀等)、水锤消除器、过滤器、减压孔板等管路附件。

5. 配水装置

生活、生产和消防给水系统管网的终端用水点上的设施即配水装置(Water Supply Equipment)。

生活给水系统的配水装置主要是指卫生器具的给水配件或配水嘴;生产给水系统的配水装置主要指用水设备;消防给水系统的配水装置主要是指室内消火栓和自动喷水灭火系统中的各种喷头。

6. 增压和储水设备

当室外给水管网的水量、水压不能满足建筑用水要求,或建筑内对供水可靠性、水压稳定性有较高要求时,需要设置各种附属设备,如水箱、水泵、气压给水装置、变频调速给水装置、贮水池、吸水井等增压和储水设备。增压和储水设备尤其在城镇的独立小区(厂区、校区)、高层建筑群等广泛应用。

7. 给水局部处理设施

当有些建筑对给水水质要求很高、超出我国现行生活饮用水卫生标准或其他原因造成水质不能满足要求时,就需要设置一些设备、构筑物进行给水深度处理,如二次净化处理。

第二节 建筑给水方式

给水方式(Water Supply Mode)是指建筑内部给水系统的供水方案。

一、建筑给水的基本形式

(1)利用外网压力直接给水方式(Direct Water Supply Mode),如图4-4所示。

(2)利用水泵升压给水方式有以下几种:

①只设水泵的给水方式(Water Supply Mode With Pump),如图4-5所示。

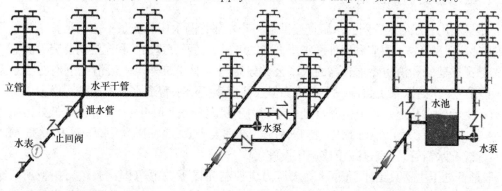

图4-4 直接给水方式　　　　图4-5 只设水泵的给水方式

②设水泵和水箱结合的给水方式(Water Supply Mode With Pump and Water Tank),如图4-6所示。

③水泵与专门设备(无水箱)相结合的给水方式(Water Supply Mode Combining Pump With Special Equipment)。常见的有变频调速给水(图 4-7)、气压给水(图 4-8)和无负压给水等。

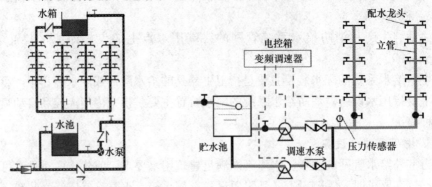

图 4-6　设水泵和水箱结合的给水方式　　　图 4-7　变频调速给水方式

④高层建筑分区给水方式(Zoning Water Supply Mode of High-rise Building)，有水泵并联分区、水泵串联分区、减压阀分区，如图 4-9 所示。

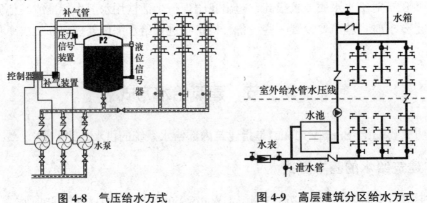

图 4-8　气压给水方式　　　图 4-9　高层建筑分区给水方式

二、给水方式选择原则

(1)尽量利用外部给水管网的水压直接供水。若外部管网水压和流量不能满足整个建筑物用水要求时，则建筑物下层应利用外网水压直接供水，上层可设置加压和流量调节装置供水。

(2)除高层建筑和消防要求较高的大型公共建筑与工业建筑外，一般情况下消防给水系统宜与生活或生产给水系统共用一个系统。但应注意生活给水管道水质不能被污染。

(3)在生活给水系统中，卫生器具处的静压力不得大于 0.60 MPa。各分区最低处卫生器具配水点静水压不宜大于 0.45 MPa(特殊情况下不宜大于 0.55 MPa)，水压大于 0.35 MPa 的入户管(或配水横管)，宜设减压或调压设施。

一般最低处卫生器具给水配件的静水压力应控制在以下数值范围：旅馆、招待所、宾馆、住宅、医院等晚间有人住宿和停留的建筑，在 0.30~0.35 MPa 范围；办公楼、教学楼、商业楼等晚间无人住宿和停留的建筑，在 0.35~0.45 MPa 范围。

(4)生产给水系统的最大静水压力，应根据工艺要求、用水设备、管道材料、管道配件、附件、仪表等工作压力确定。

(5)消火栓给水系统最低处消火栓,最大静水压力不应大于 0.80 MPa,且超过 0.50 MPa 时应采取减压措施。

(6)自动喷水灭火系统管网的工作压力不应大于 1.20 MPa,最低喷头处的最大静水压力不应大于 1.0 MPa,其竖向分区按最低喷头处最大静水压力不应大于 0.80 MPa 进行控制,若超过 0.80 MPa,应采取减压措施。

第三节 建筑热水供应系统

一、热水供应系统的分类

建筑内部热水供应系统(Building Internal Hot Water Supply System)按热水供应范围,可分为局部热水供应系统、集中热水供应系统、区域热水供应系统。

(1)局部热水供应系统(Local Hot Water Supply System)。采用小型加热器在用水场所就地加热,供局部范围内一个或几个配水点使用的热水系统称为局部热水供应系统。该种热水供应系统常以家庭或小用户为单位,可在建筑完工(交房)后再建造,独立热源,灵活方便,热水供应距离短,热损失小。随着人们生活水平的不断提高,其在城乡建筑中目前得以广泛采用。

(2)集中热水供应系统(Central Hot Water Supply System)。在锅炉房、热交换站或加热间将水集中加热后,通过热水管网输送到整幢或几幢建筑的热水系统称为集中热水供应系统。该种热水供应系统常见于星级宾馆、有较高舒适性要求的大型公共建筑等场所。

(3)区域热水供应系统(Regional Hot Water Supply System)。在热电厂、区域性锅炉房或热交换站将水集中加热后,通过市政热力管网输送至整个建筑群、居民区、城市街坊或整个工业企业的热水系统称为区域热水供应系统。该种热水供应系统在我国常见于有大量工业余热可利用的大型工矿企业城区(如一汽生活区)。

二、热水供应系统的组成及系统形式

热水供应系统(Hot Water Supply System)的组成因建筑舒适性要求、建筑类型和规模、热源情况、用水要求、加热和贮存设备的供应情况、建筑对美观和安静的要求等不同情况而异。图 4-10 所示为一典型的集中热水供应系统。

上述典型的集中热水供应系统主要由热媒系统(第一循环系统)(Heat Carrier Circulation System)、室内热水供应系统(第二循环系统)(Hot Water Circulation System)、系统附件(System Accessories)三部分组成。

三、热水供应系统的供水方式

(1)按热水加热方式的不同,可分为直接加热(Direct Heating)和间接加热(Indirect Heating)。图 4-10 所示为间接加热(汽-水换热器)。

(2)按热水管网的压力工况,可分为开式(Open)和闭式(Closed)两类。图 4-10 所示为开式系统(有透气管通大气)。

(3)按热水的循环方式不同,可分为全循环(Full Circulation)、半循环(Half Circulation)、

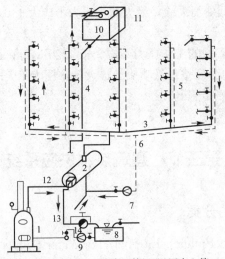

1—蒸汽锅炉；2—汽-水换热器；3—配水干管；4—配水立管；5—回水立管；6—回水干管；7—热水循环泵；
8—凝结水池；9—冷凝水泵；10—给水水箱；11—透气管；12—热媒蒸汽管；13—凝水管；14—疏水器

图 4-10　热媒为蒸汽的集中热水供应系统

无循环(No Circulation)热水供水方式。图4-10所示为全循环供应方式。该种方式热水在系统内不断循环，打开水龙头即有热水，舒适性最高。而家庭热水系统往往要浪费一些冷水。

(4)按热水管网运行方式不同，可分为全天循环方式(All Day Circulation Mode)和定时循环方式(Fixed Time Circulation Mode)。根据建筑舒适性要求和用水者使用情况，定时循环可节能。

(5)按热水管网采用的循环动力不同，可分为自然循环方式(Natural Circulation System)和机械循环方式(Mechanical Circulation System)。图4-10所示为机械循环供水。

(6)按热水配水管网水平干管的位置不同，可分为下行上给供水方式(Up Feed System)和上行下给供水方式(Down Feed System)。图4-10所示为下行上给供水。

四、热水供应系统的热源、加热设备和储热设备

(1)热水供应系统的热源。热源(Heating Source)是用以制取热水的能源，可以是工业废热、余热、太阳能、可再生低温能源、地热、燃气、电能，也可以是城镇热力网、区域锅炉房或附近锅炉房提供的蒸汽或高温水。图4-10所示为蒸汽锅炉热源。

(2)集中热水供应系统有加热设备和储热设备。

①加热设备(Heating Equipment)是用于直接制备热水供应系统所需的热水或制备热媒后供给水加热器进行二次换热的设备。其包括热水锅炉、水加热器、加热水箱和可再生低温能源的热泵热水器。热水锅炉有燃煤、燃油和燃气三种；水加热器有容积式水加热器(图4-11)、快速式水加热器、半容积式水加热器和半即热式水加热器；加热水箱有直接、间接加热水箱；

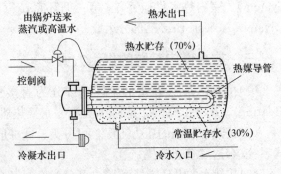

图 4-11　容积式(管式)水加热器

热泵热水器有水源热泵、空气源热泵等，具有显著的节能效果。

②储热设备(Heat Storage Equipment)是仅有储存热水功能的热水箱或热水罐。带蓄热装置的储热设备很多，目前多为水箱储热。

(3)局部加热设备。局部加热设备(Local Heating Equipment)有燃气热水器、电热水器及太阳能热水器等，如图4-12~图4-15所示。

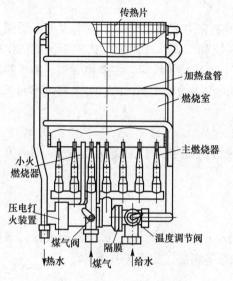

图 4-12　快速式煤气加热器

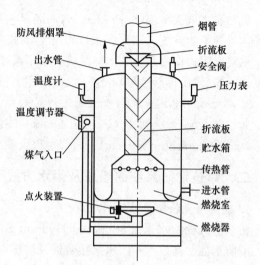

图 4-13　容积式煤气加热器

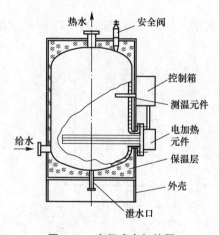

图 4-14　容积式电加热器

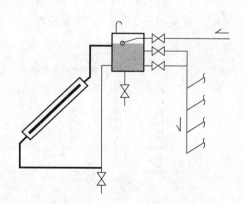

图 4-15　自然循环太阳能热水器

第四节　建筑消防系统

一、建筑消防系统分类

建筑消防系统(Building Fire System)根据使用灭火剂的种类和灭火方式可分为下列3种。

1. 消火栓给水系统

建筑消火栓给水系统(Building Hydrant System)是指将室外给水系统提供的水量，经过加压(外网压力不满足需要时)，输送到用于扑灭建筑物内的火灾而设置的固定灭火设备，是建筑物中最基本的灭火设施。其用于一般建筑物的消防用水，系统管道可与生活或生产给水管道合并使用，但消防系统主管要单独分开，系统主要由管道及消火栓组成。

2. 自动喷水灭火系统

自动喷水灭火系统(Sprinkler System)是一种能在火灾发生时自动喷水灭火，还能发出报警信号的消防系统。该灭火系统可分为湿式系统和干式系统两种。其主要包括预作用系统、重复启闭预作用系统、雨淋系统、水幕系统、水喷雾系统等，主要由管道、洒水喷头及水流指示器(发出控制信号)等组成。其运用于较为重要的建筑物(如宾馆)及易燃车间灭火。

3. 其他使用非水灭火剂的固定灭火系统

如二氧化碳灭火系统(Carbon Dioxide Extinguishing System)、干粉灭火系统(Dry Powder Extinguishing System)、卤代烷灭火系统(Halon Fire Extinguishing System)等。

二、建筑消防系统的组成及供水方式

1. 建筑消火栓给水系统的组成

建筑消火栓给水系统(Building Hydrant System)一般由水枪、水带、消火栓、消防管道、消防水池、高位水箱、水泵接合器及增压水泵等组成，如图4-16所示。

2. 消火栓给水系统的给水方式

室内消火栓给水系统有下列几种给水方式：

(1)由室外给水管网直接供水的消防给水方式。

(2)设水箱水泵的消火栓给水方式。设水箱水泵的消火栓给水方式如图4-17所示，此方式最为常用，水箱具有消防供水的保障性。

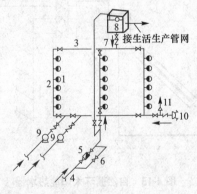

1—室内消火栓；2—消防立管；3—干管；4—进户管；
5—水表；6—旁通管及阀门；7—止回阀；8—水箱；
9—消防水泵；10—水泵接合器；11—安全阀

图4-16 建筑消火栓给水系统的组成

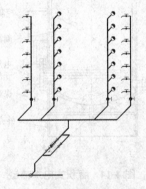

图4-17 直接供水的消防-生活共用给水方式

三、自动喷水灭火系统及其组成

自动喷水灭火系统(Sprinkler System)由水源、加压贮水设备、喷头、管网、报警阀组、水流报警装置(水流指示器或压力开关)、火灾探测器等组成。根据喷头的常开、闭形式和管网充水与否可分为下列几种自动喷水灭火系统：

(1)湿式自动喷水灭火系统(Wet Pipe Sprinkler System)，为喷头常闭的灭火系统，如图 4-18 所示，管网中充满有压水。当建筑物发生火灾，火点温度达到开启闭式喷头时，喷头出水灭火。

(2)干式自动喷水灭火系统(Dry Pipe Sprinkler System)，为喷头常闭的灭火系统，管网中平时不充水。当建筑物发生火灾，火点温度达到开启闭式喷头时，喷头开启，排气、充水、灭火。

(3)预作用自动喷水灭火系统(Pre-action Sprinkler System)，为喷头常闭的灭火系统，管网中平时不充水。当建筑物发生火灾，火灾探测器报警后，自动控制系统阀门排气、充水，由干式变为湿式系统。

(4)雨淋喷水灭火系统(Deluge Sprinkler System)，为喷头常开的灭火系统，当建筑物发生火灾时，由自动控制装置打开集中控制阀门，使整个保护区域所有喷头喷水灭火。

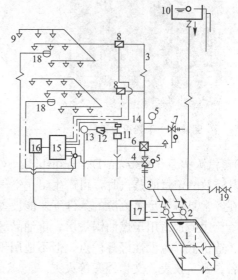

1—消防水池；2—消防泵；3—管网；4—控制蝶阀；5—压力表；
6—湿式报警阀；7—泄放试验阀；8—水流指示器；9—喷头；
10—高位水箱、稳压泵或气压给水设备；11—延时器；12—过滤器；
13—水力警铃；14—压力开关；15—报警控制器；16—非标控制箱；
17—水泵启动箱；18—探测器；19—水泵接合器

图 4-18 湿式自动喷水灭火系统

(5)水幕系统(Drencher Sprinkler System)。该系统喷头沿线状布置，发生火灾时主要起阻火、冷却、隔离作用。

(6)水喷雾灭火系统(Water Spray Fire Protection System)。该系统是采用特殊专用水雾喷头，将水流分散为细小的水雾滴来灭火，是雨淋系统的一种形式。

四、其他灭火系统(即非水灭火系统)

(1)干粉灭火系统(Dry Powder Extinguishing System)。以干粉作为灭火剂的灭火系统称为干粉灭火系统(图 4-19)。干粉灭火剂是一种干燥的、易于流动的细微粉末，平时贮存于干粉灭火器或干粉灭火设备中，灭火时靠加压气体(二氧化碳或氮气)的压力将干粉从喷嘴射出，形成一股携夹着加压气体的雾状粉流射向燃烧物。

(2)泡沫灭火系统(Foam Extinguishing System)。泡沫灭火系统是应用泡沫灭火剂，使其与水混溶后产生一种可漂浮、黏附在可燃、易燃液体、固体表面，或者充满某一着火物质的空间，达到隔绝、冷却，使燃烧物质熄灭，如图 4-20 所示。泡沫灭火系统广泛应用于油田、炼油厂、油库、发电厂、汽车库、飞机库、矿井坑道等场所。

(3)二氧化碳灭火系统(Carbon Dioxide Extinguishing System)。二氧化碳灭火系统是一种纯物理的气体灭火系统。这种灭火系统具有不污损保护物、灭火快、空间淹没效果好等优点。二氧化碳灭火系统可用于扑灭某些气体、固体表面、液体和电器火灾。

图 4-19　干粉灭火系统

图 4-20　泡沫灭火系统

(4) 蒸汽灭火系统(Steam Extinguishing System)。蒸汽灭火工作原理是在火场燃烧区内，向其施放一定量的蒸汽时，可产生阻止空气进入燃烧区效应而使燃烧熄灭。这种灭火系统只有在经常具备充足蒸汽源的条件下才能设置。蒸汽灭火系统适用于石油化工、炼油、火力发电等厂房，也适用于燃油锅炉房、重油品等库房或扑救高温设备。蒸汽灭火系统具有设备简单、造价低、淹没性好等优点，但不适用于体积大、面积大的火灾区，也不适用于扑灭电器设备、贵重仪表、文物档案等火灾。

(5) 烟雾灭火系统(Smoke Extinguishing System)。烟雾灭火系统的发烟剂是以硝酸钾、三聚氰胺、木炭、碳酸氢钾、硫黄等原料混合而成的。发烟剂装在烟雾灭火容器内，当使用时，使其产生燃烧反应后释放出烟雾气体，喷射到开始燃烧物质的罐装液面上的空间，形成又厚又浓的烟雾气体层，这样，该罐液面着火处会受到稀释、覆盖和抑制作用而使燃烧熄灭。烟雾灭火系统主要用在各种油罐和醇、酯、酮类贮罐等初起火灾。

(6) 固定消防水炮灭火系统(Fixed Fire Gun Fire Suppression System)。该系统是用于保护面积较大、火灾危险性较高而且价值较昂贵的重点工程的群组设备等要害场所，是能及时、有效地扑灭较大规模的区域性火灾的灭火威力较大的固定灭火设备。

第五节　建筑排水系统的分类与组成

一、建筑排水系统的分类

建筑内部排水系统(Building Internal Drainage Systems)的功能是将人们在日常生活和工业生产过程中使用过的、受到污染的水及降落到屋面的雨水和雪水收集起来，及时排到室外排水系统。

建筑内部排水系统(Building Internal Drainage Systems)可分为污废水排水系统和屋面雨水排水系统两大类。

按照污废水的来源，污废水排水系统(Sewage Drainage Systems)又可分为生活排水系统和工业废水排水系统。

按污水与废水在排放过程中的关系，生活排水系统(Living Drainage Systems)和工业废水排水系统(Industrial Wastewater Drainage Systems)又可分为合流制(Combined Systems)和分流制(Separate Systems)两种体制。

二、建筑排水系统的组成

建筑内部污废水排水系统(Building Internal Sewage Drainage Systems)应能满足三个基本要求：第一，系统能迅速畅通地将污废水排到室外；第二，排水管道系统内的气压稳定，有毒有害气体不进入室内，保持室内良好的环境卫生；第三，管线布置合理，简短顺直，工程造价低。

为满足上述要求，建筑内部污废水排水系统的基本组成部分有卫生器具和生产设备的受水器、排水管道、清通设备和通气管道等，如图4-21所示。

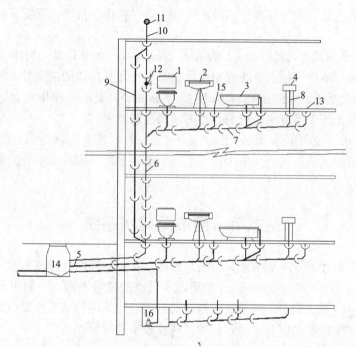

1—坐便器；2—洗脸盆；3—浴盆；4—厨房洗涤盆；5—排水出户管；6—排水立管；
7—排水横支管；8—器具排水管(含存水弯)；9—专用通气管；10—伸顶通气管；
11—通风帽；12—检查口；13—清扫口；14—排水检查井；15—地漏；16—污水泵

图4-21 污废水排水系统的基本组成

(1)卫生器具(Plumbing Fixture)或生产设备受水器(Water Receiver)：是接受、排出人们在日常生活中产生的污废水或污物的容器或装置，如洗脸盆、大便器、小便器等。

(2)排水管道(Drainage Pipe)：包括器具排水管(含存水弯)、横支管、立管、埋地干管和排出管等。其作用是将各个用水点产生的污废水及时、迅速输送到室外。

(3)清通设备(Clearing Equipment)：包括设置在横支管顶端的清扫口，设置在立管或较长横干管上的检查口和设在室内较长的埋地横干管上的检查口井。

(4)通气系统(Ventilation System)：为使排水管道系统内空气流通，压力稳定，防止水封破坏，避免因管内压力波动使有毒有害气体进入室内，需要设置与大气相通的通气管道系统。通气系统有排水立管延伸到屋面上的伸顶通气管、专用通气管及专用附件。

(5)提升设备(Lifting Equipment)：工业与民用建筑的地下室、人防建筑、高层建筑的地下技术层和地下铁道等处标高较低,在这些场所产生、收集的污废水不能自流排至室外的检查井,须设污废水提升设备。

(6)污水局部处理构筑物(Sewage Local Treatment Structure):当建筑排水的水质不符合直接排入市政排水管网或水体的要求时,须设污水局部处理构筑物。如处理民用建筑生活污水的化粪池;降低锅炉、加热设备排污水水温的降温池,去除含油污水的隔油池,以及以消毒为主要目的的医院污水处理构筑物等。

三、建筑内污废水排水系统的类型

按系统通气方式分类,污废水排水系统可分为单立管排水系统、双立管排水系统、三立管排水系统。

(1)单立管排水系统(Single Riser Drainage System):是指只有一根排水立管,没有专门通气立管的系统。单立管排水系统利用排水立管本身及其连接的横支管或附件进行通气。

(2)双立管排水系统(Double Riser Drainage System):是由一根排水立管和一根通气立管组成的系统。其适用于污废水合流的各类多层和高层建筑。

(3)三立管排水系统(Triple Riser Drainage System):是由生活污水立管、生活废水立管和通气立管组成的系统。其适用于生活污水和生活废水需分别排出室外的各类多层、高层建筑。

第六节 建筑雨排水系统

降落在建筑物屋面的雨水和雪水,特别是暴雨,在短时间内会形成积水,需要设置屋面雨水排水系统(Roof Drainage System)。按照雨水管道的位置不同,一般可分为内排水和外排水两种。在实际应用过程中,应根据建筑物的类型、建筑结构形式、屋面面积大小、当地气候条件及生产和生活使用需求,经过技术经济比较来选择排除方式。

一、雨水外排水系统

1. 檐沟外排水

普通外排水(External Drainage)由檐和敷设在建筑物外墙的立管组成,如图 4-22 所示。

降落到屋面的雨水沿屋面集流到檐沟,然后流入隔一定距离设置的立管排至室外的地面或雨水口。

根据降雨量和管道的通水能力确定 1 根立管服务的屋面面积,再根据屋面形状和面积确定立管的间距。

普通外排水适用于普通住宅、一般的公共建筑和小型单跨厂房。

2. 天沟外排水

天沟设置在两跨中间并坡向端墙,雨水斗设置在伸出山墙的天沟末端,也可设置在紧靠山墙的屋面,如图 4-23 所示。

立管连接雨水斗并沿外墙布置。降落到屋面上的雨水沿坡向

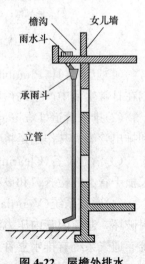

图 4-22 屋檐外排水

天沟的屋面汇集到天沟,再沿天沟流至建筑物两端(山墙、女儿墙),流入雨水斗,经立管排至地面或雨水井。

天沟外排水系统(External Drainage System)适用于长度不超过 100 m 的多跨工业厂房。

天沟的排水断面形式应根据屋面情况而定,一般多为矩形和梯形。

天沟坡度不宜太大,以免天沟起端屋顶垫层过厚而增加结构的荷重,但也不宜太小,以免天沟抹面时局部出现倒坡,使雨水在天沟中积存,造成屋顶漏水,天沟坡度一般为 0.003~0.006。

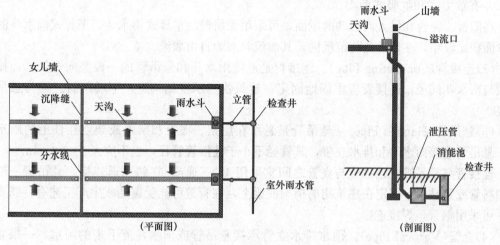

图 4-23 天沟外排水系统

天沟应以建筑物伸缩缝、沉降缝和变形缝为屋面分水线,在分水线两侧分别设置天沟。天沟外排水方式在屋面不设雨水斗,管道不穿过屋面,排水安全可靠,不会因施工不善造成屋面漏水或检查井冒水。天沟外排水节省管材,施工简便,有利于厂房内空间利用,也可减小厂区雨水管道的埋深。但因天沟有一定的坡度,而且较长,排水立管在山墙外,也存在着屋面垫层厚,结构负荷增大;晴天屋面堆积灰尘多,雨天天沟排水不畅;寒冷地区排水立管可能冻裂的缺点。

二、雨水内排水系统

内排水系统(Internal Drainage System)一般由雨水斗、连接管、悬吊管、立管、排出管、埋地干管和附属构筑物几部分组成,如图 4-24 所示。

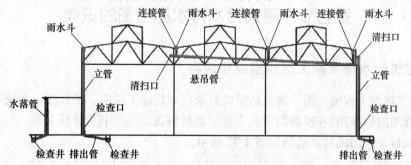

图 4-24 内排水系统

内排水系统适用于跨度大、特别长的多跨建筑，在屋面设置天沟有困难的锯齿形、壳形屋面建筑，屋面有天窗的建筑，建筑立面要求高的建筑，大屋面建筑及寒冷地区的建筑，在墙外设置雨水排水立管有困难时，也可考虑采用内排水形式。

(1)雨水斗(Rain Strainer)。雨水斗是一种雨水由此进入排水管道的专用装置，设置在天沟或屋面的最低处。实验表明，有雨水斗时，天沟水位稳定、水面旋涡较小，水位波动幅度小，掺气量较小；无雨水斗时，天沟水位不稳定，水位波动幅度大，掺气量较大。雨水斗有重力式和虹吸式两类。

在阳台、花台和供人们活动的屋面，可采用无格栅的平箅式雨水斗。平箅式雨水斗的进出口面积比较小，在设计负荷范围内，其泄流状态为自由堰流。

(2)连接管(Connecting Pipe)。连接管是连接雨水斗和悬吊管的一段竖向短管。连接管一般与雨水斗同径，连接管应牢固地固定在建筑物的承重结构上，下端用斜三通与悬吊管连接。

(3)悬吊管(Hanged Pipe)。悬吊管是悬吊在屋架、楼板和梁下或架空在柱上的雨水横管。悬吊管连接雨水斗和排水立管，其管径不小于连接管管径，也不应大于 300 mm。

连接管与悬吊管、悬吊管与立管之间宜采用 45°三通或 90°斜三通连接。悬吊管一般采用塑料管或铸铁管，固定在建筑物的桁架或梁上，在管道可能受震动或生产工艺有特殊要求时，可采用钢管，焊接连接。

(4)立管(Vertical Pipe)。雨水排水立管承接悬吊管或雨水斗流下来的雨水，一根立管连接的悬吊管根数不多于两根，立管管径不得小于悬吊管管径。立管宜沿墙、柱安装，在距离地面 1 m 处设置检查口。立管的管材和接口与悬吊管相同。

(5)排出管(Building Drain)。排出管是立管和检查井之间的一段有较大坡度的横向管道，其管径不得小于立管管径。排出管与下游埋地干管在检查井中宜采用管顶平接，水流转角不得小于 135°。

(6)埋地管(Buried Pipe)。埋地管敷设于室内地下，承接立管的雨水，并将其排至室外雨水管道。埋地管最小管径为 200 mm，最大不超过 600 mm。埋地管一般采用混凝土管、钢筋混凝土管或陶土管。

(7)附属构筑物(Subsidiary Structure)。附属构筑物适用于埋地雨水管道的检修、清扫和排气。其主要有检查井、检查口井和排气井。

第七节　建筑给水排水施工图的识读

一、建筑给水排水施工图的组成和内容

建筑给水排水工程施工图一般包括图纸目录、设计施工说明、平面图、系统图、局部详图(包括所选用的标准图)和预留洞图、主要设备材料表、预算书与计算书等。

(1)图纸目录。图纸目录示例如图 4-25 所示。

××××××××× 设计有限公司 设计证书： 图纸目录		工程名称			
		子项名称		专业	给水排水
		工程编号		版本	
		设　　计		校核	
序号	图纸名称	图纸编号		张数	图纸规格
01	给水排水设计说明	18HJ056－03S－001		1	A3
02	给水排水设计说明	18HJ056－03S－002		1	A3
03	一层给水排水平面图	18HJ056－03S－003		1	A3
04	二层给水排水平面图	18HJ056－03S－004		1	A3
05	三层给水排水平面图	18HJ056－03S－005		1	A3
06	四～八层给水排水平面图	18HJ056－03S－006		1	A3
07	九～十一层给水排水平面图	18HJ056－03S－007		1	A3
08	给水、消防系统图	18HJ056－03S－008		1	A3
09	排水系统图	18HJ056－03S－009		1	A3
010					
011					

图 4-25　图纸目录示例

(2)设计说明与图例表。设计说明与图例表示例如图 4-26 所示。

给水排水设计说明

名称	危险等级	设计喷水强度 L/(min·m²)	火灾延续时间 h	消防用水量 L/s	消防贮水量 m³	入口工作压力 MPa
室内消火栓给水系统			2	10	72	0.66
室外消火栓给水系统			2	30	216	0.40

1. 设计概况及设计内容
1.1 工程名称：本工程为松江河镇吉源小区二期2号楼，地上11层，建筑面积约3 705.5 m²。
1.2 本设计包括该楼内的给水、排水、消防设计。
2. 设计依据
2.1 建设单位提供的《设计委托书》和建筑专业提供的建筑图纸。
2.2 本设计依据以下规范、措施：
2.2.1 《建筑给水排水设计标准》(GB 50015—2019)。
2.2.2 《建筑设计防火规范》(GB 50016—2018年版)。
2.2.3 《消防给水及消火栓系统技术规范》(GB 50974—2014)。
2.2.4 《建筑给水排水塑料管道工程技术规程》(CJJ/T 98—2014)。
2.2.5 《建筑排水塑料管道施工及验收规程》(CJJ/T 29—2010)。
2.2.6 《建筑给水排水及采暖工程施工质量验收规范》(GB 50242—2002)。
2.2.7 《全国民用建筑工程设计技术措施—给水排水》(2009年版)。
3. 给排水部分
3.1 生活给水：本工程生活用水由地下室生活水池供水，本工程生活给水设计流量为4.06 L/s，入口压力为0.50 MPa。
3.2 给水管材：采用给水聚丙烯(PP-R)冷水管，SS系列，在图中用"DN"表示管外径。
3.3 阀门、铜芯阀门、泄压阀，丝扣连接，螺纹压力均为1.0 MPa。
3.4 给水入户门，表后装置设置在管井内。生活给水管采用卡式立交接阀件。
3.5 生活给水立管支架敷设在板面范围内，部分立交管装螺纹接头。
3.6 污废水排水管采用管材型PVC-U排水塑料管，排水立管与其他连接地均采用实壁型PVC-U排水塑料管。
3.7 PVC-U排水塑料管和污水管、凝水管、雨水管与污废水立管的连接，详见《建筑排水通用采用气管与污水立管相连。(96S341)》。
3.8 室内排水管道的连接
3.8.1 卫生器具排水管与横支管垂直连接，宜采用90°斜三通。
3.8.2 排水立管与横支管的连接，宜采用45°斜三通或顺水四通。
3.8.3 排水立管与排水出户管的连接，宜采用两个45°弯头或曲率半径不小于4倍管径的90°弯头，宜用乙字管或2个45°弯头。
3.8.4 室内立管与排水立管的连接，当条件受限时，应在横干管两侧45°范围内采用斜三通连接。
3.9 立管检查口安装高度，距地面约1.0 m，其中心距离检查口之间的距离同层，地面消水口与用 DNXX 表示。
3.10 地漏平面地漏高度距地面标高均不低于小于50 mm，地面属卫生洁具用不锈钢制品。篦子表面应低于地面10 mm，禁止采用钢件。
3.11 卫生器具给水配件不得采用各节水要求的器具。
3.12 卫生器具及排水口的高度尺寸：坐式大便器为305 mm，立柱式洗脸盆为1150 mm，洗脸盆给水角为450 mm，淋浴为600 mm。
3.13 污水检查井为200 mm，卫生器具离出水点垂直安装距离为250 mm，小便器离地约为700 mm的塑料检查井，高耐性结构塑料井。
3.14 排水采用有外排水形式。
3.15 生活水采用市政自来水井。
4. 消防部分
4.1 消防用水接自地下室室内消防水池，消防水池有效容积不小于400 m³，满足本楼建筑10 min室内消火栓有用水量。
4.2 在园区5号楼上设有18 m³消防贮水箱，以保证建筑10 min室内消火栓有效用水量。
4.3 室内消火栓（采用带消防软管卷盘消火栓箱）：消火栓处设置消防按钮，消火栓箱型号：单栓15S202/15，消火栓栓口直径为65 mm，水枪喷嘴口径为19 mm，水枪充实水柱为10 m，水龙带长度为25 m，栓口中心距地1.1 m，水枪充实水柱为10 m。
4.4 室外消火栓水源采用下小区消防水源，小于或等于DN50采用翻接连接，大于DN50采用沟槽式管接(卡箍)连接。
4.5 室外消火栓均采用地下式埋地敷设热浸镀锌钢管，小于或等于DN50采用螺纹连接，大于DN50采用沟槽式管接。
4.6 消防管道上的阀门采用钢制蝶阀，并应有明显的启闭标志。消火栓系统中的阀门应保持常开状态不得擅自关闭。
4.7 防冷管道穿越屋面时采用柔性套管，平时不得关闭。
5. 施工说明
5.1 给水管道穿楼板处应设钢制套管。套管高出楼地面50 mm。套管直径大于管道直径，套管内应采用石棉绳和防水油膏填充。排水管穿楼板时预留孔洞，安装完毕后封孔，严密堵实，管道周围做局层数面层设计标高10~20 mm的阻水圈。所有穿墙与穿楼板的阻水圈。配合施工。
5.2 图中所示管道设计标高，尺寸等与管道敷设中心标高。排水管道设计标高为管底标高。
5.3 生活冷水管道试验压力为工作压力的1.5倍，但不得小于0.60 MPa。金属及复合管在试验压力下观测10 min，压力降不应大于0.02 MPa，然后降到工作压力下检查，应不渗漏，排水管立管及主干管应做灌水试验，其灌水高度应不低于底层卫生器具的上边缘或底层地面的高度。
5.4 消防系统试验压力为1.4 MPa。水压强度试验和严密性试验按现行国家标准《建筑给水排水及采暖工程施工质量验收规范》(GB 50242—2002)的规定执行。
5.5 污水、雨水管道、干管必须做灌水试验，其灌水高度不低于底层卫生器具上边缘或底层地面高度。
5.6 管道埋地前，管道底部及管座必须夯实，安装后用 15 min 再灌满连续5 min，液面不下降为合格。
5.7 给水管道安装埋地前，与专用支架相连接，可参照03S402图集。
5.8 排水管道穿越楼板管道时，应以柔性材料填塞，与专用支架相连接，本专有正式无尘。小于大管径的原则，
5.9 消防立管接口处应做防腐处理，消防或采暖管道均做防腐处理，防腐漆采用15 mm厚的橡塑材料。
5.10 所有给水管道保温均应在完成系统试压后进行。
5.11 其他依照《建筑给水排水及采暖工程施工质量验收规范》(GB 50242—2002)、《建筑给水排水设计规范》(GB/T 50349—2005)和《地埋塑料排水管道施工》(04S520)的有关规定执行。
6. 节能与资源利用
6.1 本项目给水系统总水表采用入户分户计量水表。避免水资源浪费。
6.2 每栋建筑主给水管（消防管道除外）最高压力为1.2 m/s以下，支管流速控制在0.8 m/s以下。
6.3 室内卫生器具采用节水型器具及配件，为采用节水型器具及配件，大便器冲洗水量不大于6 L/s。
6.4 给水附件可以采用优良产品，防止由于阀门质量不完善而造成水系统跑冒滴漏。
6.5 供水设施根据市政自来水有效压力的使用要求，优先其无机无负压、无噪音方式。
6.6 绿化、景观、废水等采用10路消防车用非传统水源储水。处理及利用雨水资源。绿化浇灌采用喷灌方式，浪费节能节水。

图 4-26 设计说明与图例表示例

图例

符号	名称	符号	名称
——J——	给水管线		减压阀组
——XH——	消火栓管线	⊙平面 系统	自动排气阀
——W——	污水管线		消防水泵接合器
平面 系统 单口	室内消火栓		洗衣机水龙头
	蝶阀	蹲	蹲便器
	闸阀		地漏
	截止阀		洗衣机地漏
	止回阀		清扫口
	远传水表	涤	洗涤盆
脸	洗脸盆	坐	坐便器
	锁闭阀		预留淋浴器接头
W1	污水检查井编号		

图 4-26 设计说明与图例表示例(续)

(3)平面图。平面图表明建筑物内部用水设备的平面位置及给水排水管道的平面位置,如图 4-27 所示。图中应包括以下内容:

①卫生器具的类型及位置。卫生器具以图例表示,其位置通常注明中心与墙的距离,紧靠墙、柱可不标注距离。

②各干管、立管、支管的平面位置、管径及距离。各立管应编号,管线一般用单线图例表示,沿墙敷设不标注距离。

③各种设备(消火栓、水箱等)及附件(阀门、配水龙头、地漏等)的平面位置。

④给水引入管和污水排出管的平面位置及其与建筑物外给水排水管网的关系。如果建筑物内卫生器具及其他用水设备仅限于某些房间使用,可不必绘制每层完整的建筑平面图,只需绘制与设备、管道有关房间的局部平面图即可。此时应注明该房间的轴线编号及房间名称。

凡是设有卫生器具和用水设备的每层房间都应有平面图,当各楼层设备及管道布置均相同时,只需绘制底层和标准层平面即可。

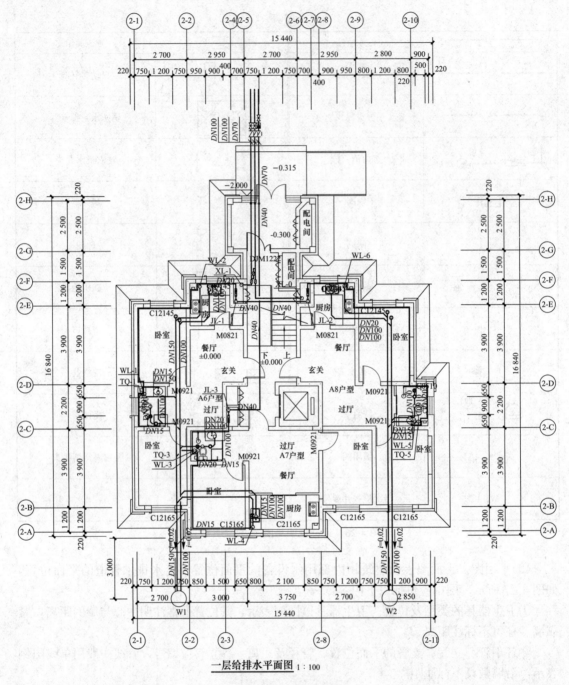

一层给排水平面图 1:100

图 4-27 一层平面图

  一般都把室内给水排水管道用不同的线型表示绘制在同一张图上。但当管道较为复杂时，也可分别绘制给水和排水管道的平面图。

  平面图常用的出图比例为 1:100，管线多时可以采用 1:50～1:20，大型车间可用 1:200～1:400。常用的图例符号可从《建筑给水排水制图标准》(GB/T 50106—2010)中查询。

  在给水排水平面图中，建筑构造图可以适当简化，用细实线表示。

(4)系统图。系统图又称轴测图或透视图。其表明给水排水管道的空间位置及相互关系,如图4-28所示。在轴测图中,X轴表示左右方向,Y轴表示前后方向,Z轴表示高度。X轴与Y轴的夹角一般为$45°$,轴测图中的管线长应与平面图中一致,有时为了方便也可以与平面图中不一致。当轴侧图中前后的管线重叠,给识图造成困难时,应将系统局部断开绘制。系统图中应包括以下内容:

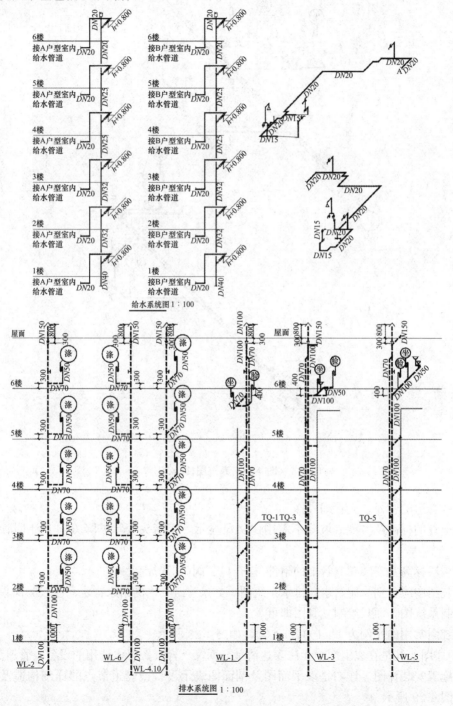

图 4-28 系统图

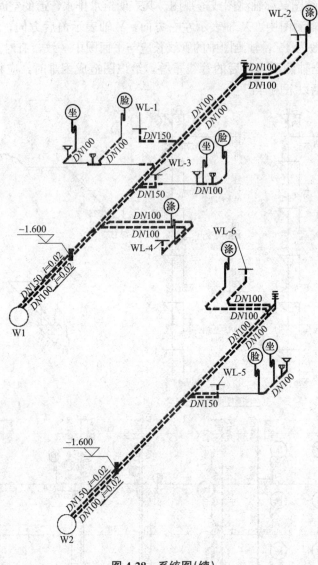

图 4-28 系统图(续)

①各管道的管径、立管编号。

②横管的标高及坡度。坡降不需用比例尺显示，用箭头表示坡降方向并注明管道坡度即可。

③楼层标高及安装在立管上的附件(检查口、阀门等)标高。

系统图中应分别绘制给水、排水系统图，如果建筑物内的给水排水系统较为简单时，可以不绘制系统图，而只绘制立管图即可。

系统图常用的比例为 1∶100、1∶50，如图 4-28 所示。

(5)详图。凡是在以上图中无法表达清楚，而又无标准图可供选用的设备、管道节点等，须绘制施工安装详图。详图是以平面图及剖面图表示设备或管道节点的详细构造及安装要求，如图 4-29 所示。

第四章 建筑给水排水工程

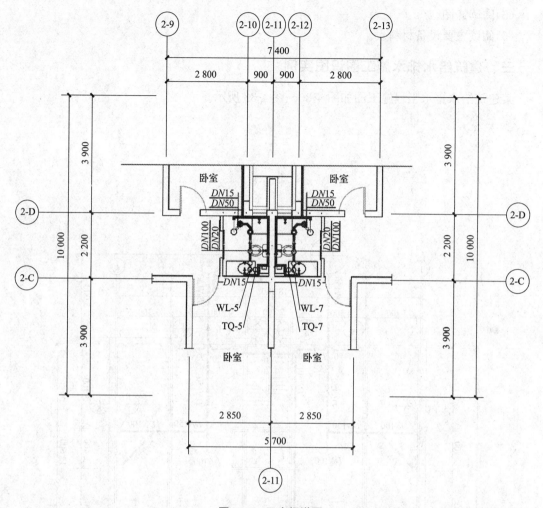

图 4-29 卫生间详图

　　施工图上应附有图例及施工说明。施工说明应包括所用的尺寸单位，施工时的质量要求，采用材料、设备的品种、规格，某些统一的做法及设计图中采用标准图纸的名称等内容。

　　(6)预留洞图。预留洞图中应注明各种给水、排水管道在穿越楼、地面时的位置及预留孔洞的大小，主要为建筑施工的方便。它应与设计所选用的各种卫生洁具型号相对应。当平面图中的注解较为详细时，预留洞图可以省略。

　　(7)计算书。

　　(8)主要设备材料及预算。

二、建筑给水排水施工图识图的一般程序

(1)阅读图纸目录及标题栏。

(2)阅读设计说明和图例表。

(3)阅读建筑给水排水工程平面图。

(4)阅读建筑给水排水系统图。

(5)阅读详图。
(6)阅读主要设备材料表。

三、建筑给水排水施工图识图实例

某建筑给水排水工程施工图如图 4-30~图 4-33 所示。

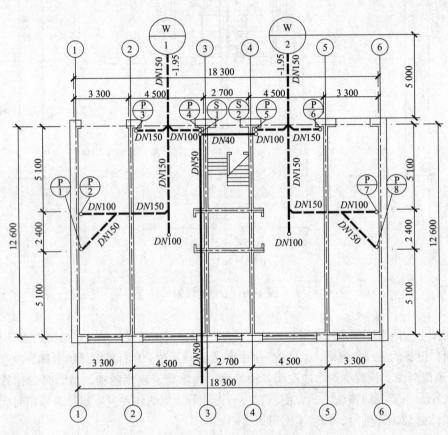

图 4-30 一层给水排水平面图

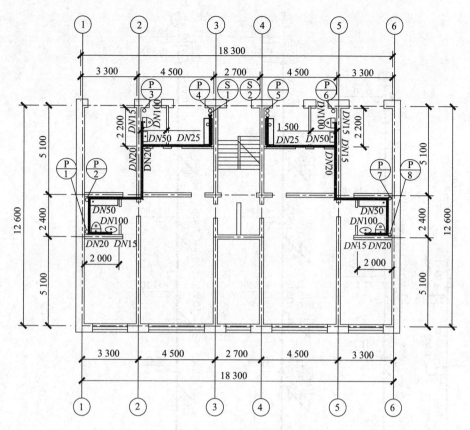

图 4-31 二～七层给水排水平面图

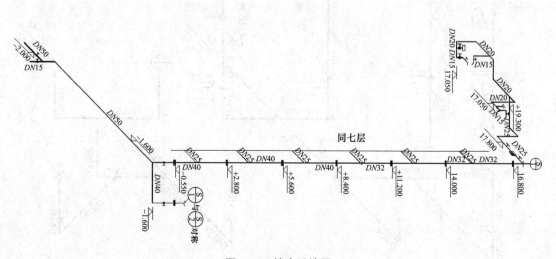

图 4-32 给水系统图

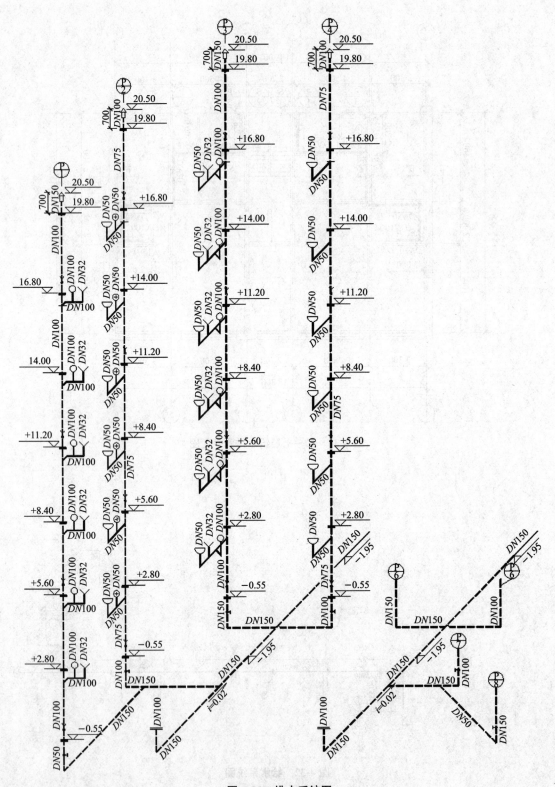

图 4-33 排水系统图

思考题

1. 建筑给水系统基本组成有哪几部分？分别起什么作用？
2. 建筑给水系统常用的设备和管材有哪些？
3. 热水供应系统分为哪些类型？试述各种类型的适用条件。
4. 热水供应系统有无循环管的差别是什么？
5. 室内消火栓给水系统有哪些主要组成部分？各组成部分的作用是什么？
6. 自动喷水灭火系统分为哪几类？各自的特点是什么？分别适用于什么场合？其主要组件有哪些？
7. 简述建筑排水系统的分类及组成。
8. 常用的卫生器具和排水管材有哪些？
9. 简述雨水排水系统的分类及组成。
10. 建筑给水排水施工图由哪几部分图纸组成？

第五章

建筑供暖工程

第一节　建筑供暖系统的组成与分类

一、建筑供暖的基本概念

建筑供暖是指当建筑物在冬季由于室内外温差散失热量时，为了使建筑物室内获得所需热量并保持一定的温度，采用人工的方法向建筑物供给热量。其目的是创造适宜的热环境，以满足人们的生活条件和工作条件。建筑供暖是通过建筑供暖系统来完成的，建筑供暖系统是在向建筑物供暖过程中所设置的管道、设备等工程设施的总称。

二、建筑供暖系统的组成

如图 5-1 所示，建筑供暖系统(Building Heating System)通常由热源(Heat Source)、热网(供暖管路)(Hot Net)和热用户(Hot User)三大部分组成。

（1）热源是指供暖系统中热媒热量的来源，能够生产和制备一定参数的热媒，如锅炉房、热电厂、工业余热和低温核反应堆，目前应用最广泛的是锅炉房和热电厂。

（2）热网（供暖管路）是热源和热用户之间的连接部分，将热媒输送和分配给各个热用户的管线系统。因为热媒通常为循环使用，所以管网均为两根管路，分别为供水管和回水管。

（3）热用户是使用热能的用户，是指室内供暖管道和末端散热设备。

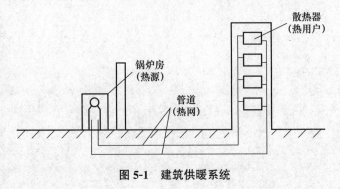

图 5-1　建筑供暖系统

三、建筑供暖系统的分类

1. 按照供暖作用范围划分

建筑供暖系统可分为分散供暖(Distributed Heating)、集中供暖系统(Central Heating System)和区域供暖系统(District Heating System)。

分散供暖、集中供暖和区域供暖的对象分别为单户家庭、一栋或数栋建筑物、街区或城区。分散供暖系统是热源、供热管道和散热设备三个部分在构造上为一个整体的供暖方式,如火炉供暖、电热供暖和燃气供暖等。如图5-2所示,集中供暖和区域供暖系统是指热源与散热设备分开设置,由热源产生难改变的热水或蒸汽通过供热管道向各个建筑物的房间供给热能的供暖方式,是我国目前采用最多的系统形式,广泛应用于城镇密集建筑群的供暖。

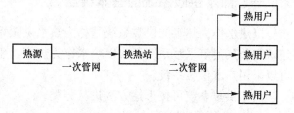

图 5-2 集中供暖和区域供暖系统原理示意图

(1)分散供暖系统的优点、缺点如下:

①优点:用户可自行管理,灵活多变,适用于别墅等独立建筑;可使用电等清洁能源。

②缺点:污染严重;易造成能源的浪费;不易管理。

(2)集中供暖和区域供暖系统的优点、缺点如下:

①优点:集中管理,专业高效,提高能源利用率;燃料、灰渣和烟尘等燃料污染物可集中处理,有利于环境保护,避免"多热源多污染";对热用户而言价格经济,供暖可靠性好。

②缺点:建设周期长,造价高;系统规模大,输送热损失大,管理难度大;难以满足所有用户对供暖时间、供暖温度的个性化要求,易出现"近热远冷""楼层不同,温度不均"和"室温高,开窗放"的供热不均、浪费能源等不良现象。

虽然集中和区域供暖存在着一定的不足,但其优点远大于缺点。集中和区域供暖系统是现代化城镇经济和发展的重要基础设施之一,是城镇建设的主要组成部分。

2. 按照热媒划分

建筑供暖系统可分为热水供暖系统、蒸汽供暖系统、热风供暖系统和直热式电供暖系统。

建筑热水供暖系统可分为低温水供暖系统和高温水供暖系统。我国规定,热水温度≤100 ℃的为低温水供暖系统,主要应用在居民楼、办公楼等建筑的供暖;热水温度>100 ℃的为高温水供暖系统,主要应用在生产厂房的供暖。建筑蒸汽供暖系统可分为低压蒸汽供暖系统、高压蒸汽供暖系统和真空蒸汽供暖系统,蒸汽压力≤70 kPa为低压蒸汽供暖系统;蒸汽压力>70 kPa为高压蒸汽供暖系统;蒸汽压力<大气压力为真空蒸汽供暖系统。直热式电供暖是将电能直接转化成热能的一种供暖方式,由于电能为清洁能源,因此,这种供暖方式目前有大力推广的趋势,其有关知识将在第十一章清洁能源应用中讲述。

3. 按照散热方式划分

建筑供暖系统可分为对流供暖系统和辐射供暖系统。

通过对流换热的方式向室内供给热量的供暖系统,称为对流供暖系统,如散热器供暖和热风供暖;通过辐射传热的方式向室内供给热量的供暖系统,称为辐射供暖系统,辐射传热的部位为建筑物的内部围护结构,如地板辐射供暖。

4. 按末端散热设备划分

建筑供暖系统可分为散热器供暖、风机盘管供暖和地板(屋顶)盘管供暖。

第二节 热水供暖系统

一、热水供暖系统的基本类型

以热水作为热媒的供暖系统,称为热水供暖系统。从节能和卫生条件等因素考虑,居住建筑和公共建筑采暖系统通常以热水作为热媒,生产厂房及辅助建筑物中,根据具体情况也可以采用热水供暖系统。

热水供暖系统可按下述方法进行分类。

1. 按循环动力划分

按循环动力划分,热水供暖系统可分为重力(自然)循环(Gravity Circulation)供暖系统和机械循环(Mechanical Circulation)供暖系统。

机械循环供暖系统与重力(自然)循环供暖系统相比,增加了机械外力(水泵)。

2. 按供回水方式(立管数量)划分

按供回水方式(立管数量)划分,热水供暖系统可分为单管系统(Single Tube System)和双管系统(Double Pipe System)。

热水经过供水立管或水平供水管顺序流过每组散热器,并顺序地在各散热器中冷却的系统,称为单管系统;热水经过供水立管或水平供水管平行地分配给每组散热器,且自每个散热器冷却后的回水直接沿回水立管或水平回水管流回热源的系统,称为双管系统。

3. 按系统管道敷设方式划分

按系统管道敷设方式划分,热水供暖系统可分为垂直式系统(Vertical System)和水平式系统(Horizontal System)。

将不同楼层的散热器用立管相连接的系统称为垂直式供暖系统;将同一楼层、不同位置的散热器用水平管连接起来的系统称为水平供暖系统。

4. 按热水温度划分

按热水温度划分,热水供暖系统可分为低温水热水(Low Temperature Water Hot Water)供暖系统和高温水热水(High Temperature Hot Water)供暖系统。

二、重力(自然)循环热水供暖系统

重力(自然)循环热水供暖系统的工作原理如图5-3所示。在热水锅炉中对水进行加热,被加热的水沿着供水管路到达散热器,通过对流的形式向室内散热。散热后温度降低的水沿着回水管路回到热源——热水锅炉。并在系统的最高处设置膨胀水箱,膨胀水箱的作用是容纳系统升温时产生的膨胀水量,使系统保持

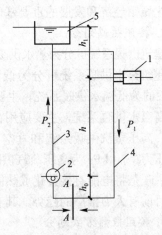

1—散热器;2—热水锅炉;3—供水管路;
4—回水管路;5—膨胀水箱

图 5-3 重力(自然)循环热水供暖系统的工作原理

一定的压力。

首先将系统内充满水，在系统的下部有一个 $A-A$ 断面，假设在断面处有一个阀门。当阀门关闭时，在断面两侧分别受到压力 $P_左$ 和 $P_右$。

$$P_左 = \rho_回 g h_0 + \rho_回 g h + \rho_供 g h_1 \tag{5-1}$$

$$P_右 = \rho_回 g h_0 + \rho_供 g h + \rho_供 g h_1 \tag{5-2}$$

$$P_右 - P_左 = g h(\rho_回 - \rho_供) \tag{5-3}$$

$$= \Delta P$$

式中 $\rho_供$——供水密度(kg/m^3)；

$\rho_回$——回水密度(kg/m^3)；

g——重力加速度(m/s^2)，取 $9.8\ m/s^2$；

h——散热器中心距离热源中心的垂直距离(m)。

ΔP——重力循环系统的作用压力(Pa)。

由于 $t_供 > t_回$，因此 $\rho_供 < \rho_回$，$P_右 > P_左$。当将阀门打开时，系统内的水沿着顺时针方向进行流动。

由式(5-3)可知，重力循环系统中起循环作用的是作用压力 ΔP，它与散热器中心距热源中心的高度差及两者水中的密度差有关。如供水温度为 95℃，回水温度为 70℃，则每米高差产生的作用压力为

$$\Delta P = g h(\rho_回 - \rho_供) = 9.8 \times 1 \times (977.81 - 961.92) = 156(Pa)$$

图 5-3 所示为上供下回式重力循环热水供暖系统。在管道布置时应注意以下问题：为了使系统内的空气能够顺利排除，防止形成气塞，影响水的正常循环，系统的供水干管应有向膨胀水箱方向上升(坡度为 0.5%～1%)的流向，散热器支管顺着水流方向设 0.1%的坡度。在系统的最高点设置膨胀水箱，可以容纳系统由于温升产生的膨胀水量，防止系统超压，并能同时排除系统中的空气。

重力(自然)循环热水供暖系统的特点如下：

(1)系统装置简单；

(2)不消耗电能；

(3)无噪声；

(4)作用压力小，供热半径受到限制，在相同条件下需要的管径大；

(5)仅用于单幢建筑、供热半径小于 50 m 的建筑物供热。

三、机械循环热水供暖系统

机械循环热水供暖系统适用于比较高大的多层、高层建筑及面积较大的小区集中供暖。与重力循环热水供暖系统相比，系统中设有循环水泵、流速大、管径小、系统升温快、供暖作用范围大，但增加了系统的运行费用，加大了维修工作量及系统的噪声。机械循环热水供暖系统是目前应用最广泛的供暖系统，系统的主要形式可分为垂直式和水平式系统、同程式和异程式系统。

1. 垂直式系统

垂直式系统按照供、回水干管布置位置的不同，可分为以下几种形式：

(1)上供下回式热水供暖系统。图 5-4 所示为机械循环上供下回式热水供暖系统。该系

统适用于上部有屋架式吊顶、下部有管沟的建筑物。该系统除增加循环水泵外，还在供水干管末端的最高处设置了排气装置，用于排除系统内的空气。为了可以顺利排除系统内的空气，供水干管和回水干管均应有一定的坡度，坡度宜采用0.003，不得小于0.002。供水干管应按水流方向设上升坡度，使空气沿水流方向流动并汇集到集气装置，将空气排除。回水干管应坡向水的流动方向，使系统内的水顺利流回到热源。

图5-4左侧Ⅰ、Ⅱ为双管式系统，在管路与散热器连接方式上与重力（自然）循环相同。

图5-4右侧为单管式系统，该系统的特点是节省管材、安装方便、使用可靠。其中，立管Ⅲ为单管顺流式系统，立管中的全部水量顺次流过各层散热器，各层散热器的流量不能进行局部调节，适用于不需要单独调节的一般多层建筑中。立管Ⅳ为单管跨越式系统，其特点是只有部分的立管水量流进散热器，在相同散热量的情况下，所需散热器面积比顺流式大一些。若在散

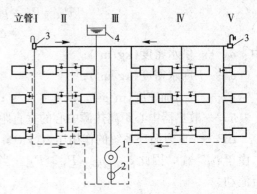

1—热水锅炉；2—循环水泵；3—集气装置；4—膨胀水箱

图5-4　机械循环上供下回式（单双管、顺流和跨越式）热水供暖系统

热器进水支管上安装调节阀，则可以调节流进散热器的水流量，因此，适用于对室内温度要求较高的建筑物。立管Ⅴ为顺流式和跨越式相结合的系统——上面几层采用跨越式，下面几层采用顺流式。通过调节设置在跨越管段上的调节阀，调节进入上面几层散热器的流量，可以适当减轻顺流式系统的上热下冷的垂直失调现象。

（2）下供下回式热水供暖系统。图5-5所示为机械循环下供下回式双管式热水供暖系统。供水干管和回水干管均敷设在底层散热器的下面，适用于设有地下室或在平屋顶顶棚下难以布置干管的建筑物。将供、回水干管敷设在地下室，管路的热量直接散热给地下室，可以减小无效的热损失。在施工中，每安装好一层散热器即可开始供暖，给冬期施工带来许多方便。

该系统的缺点是排除空气困难。排除空气的方法主要有两种：一是通过每组散热器上安装的冷风阀进行手动排气；二是不用设置散热器上的冷风阀，而是将立管加高，在顶部设置

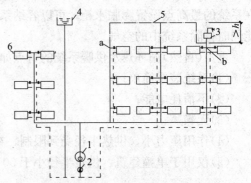

1—热水锅炉；2—循环水泵；3—集气罐；
4—膨胀水箱；5—空气管；6—冷风阀

图5-5　机械循环下供下回式热水供暖系统

专用排气管——空气管，并在空气管末端设置集气罐集中进行排气，如图5-5所示。

2. 水平式系统

水平式系统按供水管与散热器的连接方式可分为单管水平串联式和单管水平跨越式两种，如图5-6所示。单管水平串联式系统的每组散热都不能单独进行调节，适用于对房间温度控制要求不高的建筑物。单管水平跨越式系统结构相对复杂，且由于不是所有立管水量都流进散热器，因此要求散热器的用量较多。其优点是可以调节散热器的散热量，适用于对房

间温度控制要求较高的建筑物。

水平式系统与垂直式系统相比,具有以下优点:

(1)总造价低;

(2)管路简单,穿楼板的立管少,施工方便;

(3)可以将膨胀水箱架设在最高层的辅助空间,不必专设放膨胀水箱的房间,降低建筑成本,并且不影响建筑物的外形美观。

因此,水平式系统是国内应用较多的一种供暖形式。对一些各层有不同使用功能或不同温度要求的建筑物也采用水平式系统,以便于分层管理和调节。但当串联散热器数量较多时,易出现前端过热末端过冷的水平失调现象。

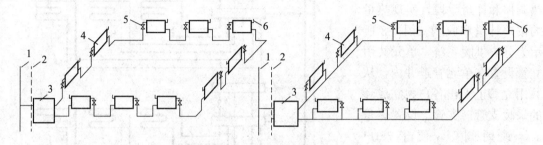

1—供水立管;2—回水立管;3—户内系统热力入口;
4—散热器;5—温控阀或关断阀门;6—冷风阀

图 5-6 户内水平供暖系统

3. 同程式系统和异程式系统

如图 5-7 所示,在供、回水干管走向布置时,通过每根立管的循环环路的总长度都相等的系统,称为同程式系统(Reversed Return System)。该系统可以使通过各个立管环路的压力损失易于平衡,减轻系统水平失调的现象。

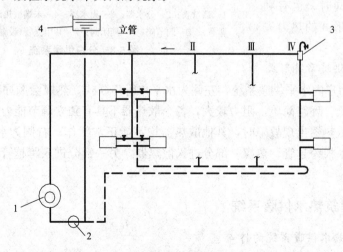

1—热水锅炉;2—循环水泵;3—集气罐;4—膨胀水箱

图 5-7 同程式系统

在供回水干管走向布置时,通过每根立管的循环环路的总长度不相等的系统,称为异程式系统(Direct Return System)。由于机械循环的立管数量较多,因此异程式系统通过各个立管环路的压力损失比较难平衡,容易出现由于远近立管流量不均匀而引起在水平方向上冷热不均的现象——水平失调。

四、分户热计量热水供暖系统

1. 分户热计量热水供暖系统的特点

分户热计量(Household Heat Metering)热水供暖系统是以集中供热为前提,通过一定的供热调控和计量手段,实现热量的按户计量和收费。图 5-8 所示为分户供暖系统,单元共用立管设置在单元管道井内,从共用立管上引出各户独立成环的采暖支管,支管上设置热量表、锁闭阀等,便于按户计量。

分户热计量热水供暖系统便于分户管理、分户分时控制及调节供热量,可以根据实际情况调节供热量,避免"室温高、开窗放"的现象,避免造成能源浪费。既可以解决供暖分户计量问题,同时,也有利于解决传统系统形式的热力失调问题。

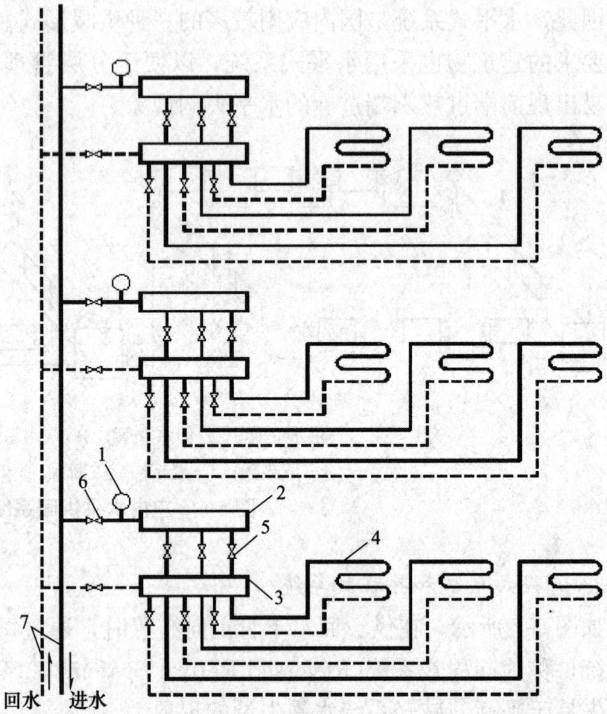

1—热量表;2—分水器;3—集水器;4—末端散热设备(散热器、盘管);5—调节阀;6—锁闭阀;7—共用立管(设置在管道井中)

图 5-8 分户供暖系统

2. 户内水平供暖系统形式

图 5-6 所示为户内水平供暖系统,左侧为水平单管串联式,热媒会顺序地流过各个散热器,温度逐次降低。环路简单,阻力较大,各个散热器不具有独立调节能力,工作时相互影响,当其中一组散热器出现故障时,其他散热器均不能正常工作;右侧为水平单管跨越式,每组散热器下有一根跨越管,热媒一部分进入散热器,另一部分进入跨越管,散热器具有一定的调节能力。

五、高层建筑热水供暖系统

1. 高层建筑热水供暖系统的特点

高层建筑与多层建筑相比,设计热负荷的计算有所区别,需要同时考虑风压和热压的影响。另外,由于高层建筑的供暖系统高度较高,热水供暖系统的水静压力较大,下部散热器的承压较高,系统垂直失调现象严重。因此,高层建筑热水供暖系统形式的确定,要同时考虑系统不倒空、不汽化、下部散热器不超压、减轻系统垂直失调等问题。

2. 高层建筑热水供暖系统分区

为了解决以上所提到的问题，可以将高层建筑热水供暖系统进行分区，如图 5-9 所示。分区是指将系统沿着垂直方向分成两个或两个以上的独立系统，即系统沿垂直方向分为高、低区或高、中、低区的系统形式。

分区式系统可以同时解决下部散热器超压和系统产生垂直失调的问题。各区分界线的确定应考虑的问题：一是集中热网的压力工况；二是建筑物总层数；三是所选散热器的承压能力。

系统的低区部分一般可以与集中热网直接或间接连接，高区部分可根据外网的压力等选择以下形式：

(1) 高区间接连接系统。当室外热网提供的作用压力较大、供水温度较高时，可以采用高区间接连接系统。

(2) 高区双水箱系统。当室外热网的供水温度较低时，使用热交换器所需加热面积过大而不经济合理时，可采用高区双水箱系统。

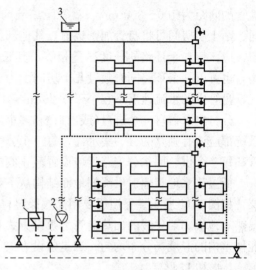

1—换热器；2—循环水泵；3—膨胀水箱

图 5-9 高层分区式热水供暖系统

六、热水地板辐射供暖系统

热水地板辐射供暖(Hot Water Floor Radiant Heating)是采用低于 60 ℃的低温热水作为热媒，通过直接埋入建筑物地板内的塑料盘管辐射放热，进行供热的一种机械循环热水供暖方式。

1. 低温热水地板辐射供暖系统的特点

近几年来，低温热水地板辐射供暖系统的应用越来越多，在居住建筑和公共建筑中都得到了普遍应用，如商场、医院、学校等。

与散热器的供暖形式相比，该系统具有以下特点：

(1) 在相同舒适感的前提下，辐射供暖的室内空气温度可比对流供暖时低 2 ℃～3 ℃，室温降低的结果可以减少能源消耗。

(2) 辐射供暖方式较对流供暖方式热效率高。

(3) 辐射供暖时人体具有最佳的舒适感。

(4) 地板辐射供暖系统方便于分户热计量和控制。

(5) 少占室内的有效空间，便于布置家具。

(6) 热稳定性好。

(7) 有利于改善卫生条件。

(8) 初投资高。

(9) 隐蔽工程较多，对地面材料要求耐热，地面内外有损坏后不易维修。

(10) 房间地面上不可直接堆放太多物品。

(11) 地面热惰性大，使加热和冷却慢，房间空气温度升、降温不适应间歇使用者使用。

注：(1)~(7)为低温热水地板辐射供暖系统的优点；(8)~(11)为低温热水地板辐射供暖系统的缺点。

2. 低温热水地板辐射供暖系统的构成

图 5-10 所示为低温热水地板辐射供暖系统。在进行管路敷设时，加热盘管应均匀敷设，盘管的间距为 100~300 mm，盘管距离墙为 150~200 mm。在外墙、外门、外窗、顶层房间、贴土层房间可将盘管加密辐射，其他部位的间距可以适当扩大。为了使室内温度均匀分布，应该使各个环路的长度尽量相等，其长度不宜超过 120 m。可以一个房间敷设几个环路，也可以一个环路同时敷设几个房间。为了能使系统内的水汽被带走，便于排出管内的空气，盘管内的水流速度不宜小于 0.25 m/s。

分、集水器有一个进口(或出口)和多个出口(或进口)的承压装置，每一个地板辐射供暖系统都应该有独立的分、集水器，每一个分、集水器的分支环路不宜多于 8 个。总供、回水管和每一个供、回水分支路均应设置截止阀或球阀，总供水管内侧应设置过滤器。

低温热水地板辐射供暖的地面结构从下到上包括楼板、保温层、填充层、找平层、地面层，如图 5-11 所示。保温层要用高效保温材料，如聚苯复合材料，一般可做 30 mm 厚。低温热水地板辐射供暖的加热盘管的敷设方式有很多种，但其敷设应满足两个要求：一是尽可能使室内的温度场分布均匀；二是敷设方式简单，便于施工。常用的敷设方式有回字形、S 形、L 形和 U 形。

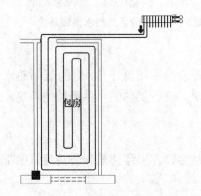

图 5-10 低温热水地板辐射供暖系统

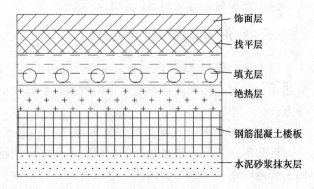

图 5-11 地面结构层

七、热水供暖系统主要设备和附件

1. 热水供暖设备

(1)散热器。散热器是热水供暖系统的末端装置。其作用是采用对流换热的方式向室内供给热量。按材质不同，散热器可分为铸铁散热器、钢制散热器和铝制散热器。如图 5-12 所示，铸铁散热器又可分为柱形散热器、长翼形散热器和圆翼形散热器，用得较多的是柱形散热器。钢制散热器的特点是金属耗量少、耐压强度高、外形美观，但容易被腐蚀，使用寿命比铸铁散热器要短。铝制散热器优点较多，但其价格高，且不宜在强碱条件下长期使用。综上所述，目前国内使用较多的是铸铁柱形散热器。

对散热器的要求如下：

①传热系数大，散热性能好；

②价格低；
③安装使用方便，制造工艺简单；
④不易积灰，且美观；
⑤不易腐蚀，寿命长。

(2) 排除空气的设备。在热水供暖系统中会存在空气，其来源主要有两个方面：一是系统中的水被加热时会分离出空气；二是系统由于不严密会渗入空气。如不及时排除系统内的空气，系统中会积存空气形成气塞，影响水循环。常用的排除空气设备有集气罐、自动排气阀等。

图 5-12 散热器(Heatsink)

集气罐有立式和卧式两种形式。在机械循环热水供暖系统的上供下回式系统中，集气罐应设置在各个分支环路的供水干管末端的最高处，通过打开集气罐的阀门来排除系统内的空气。

自动排气阀的工作原理是依靠水对浮体的浮力，通过杠杆机构传动，使排气孔自动启闭，实现自动阻水排气的功能。

(3) 膨胀水箱。膨胀水箱用钢板制成，一般为圆形或矩形，如图 5-13 所示。与膨胀水箱连接的管有循环管、膨胀管、溢流管、信号管和排水管。膨胀管和循环管之间的距离应为 1.5～3 m，目的是可以使少量热水缓慢通过循环管和膨胀管流过水箱，以防止水箱里的水冻结；溢流管的作用是当水位过高时，水从溢流管流出，防止系统超压；信号管是检查水箱是否有存水及水位的位置；排水管的作用是清洗水箱后的水从排水管排出。其中，

图 5-13 膨胀水箱(Expansion Tank)

循环管、膨胀管和溢流管严禁安装阀门，为了防止水箱的水冻结或水从水箱溢出。

2. 热水供暖管材

常用的供暖管材有塑料管和复合管，图 5-14 和图 5-15 分别为聚氨酯发泡保温的供热钢管和供热管道的直埋安装方式。由于系统内的水为热水，具有一定的温度，为了避免"热胀"的影响，因此，在供热管道上需要有热补偿。

图 5-14 聚氨酯发泡保温供热钢管

图 5-15 供热管道直埋安装

第三节 其他供暖系统

一、蒸汽供暖系统

1. 蒸汽供暖系统的概念及分类

以蒸汽作为热媒向建筑物供暖的系统称为蒸汽供暖系统(Steam Heating System)。

蒸汽供暖系统按工期压力不同可分为低压蒸汽供暖系统、高压蒸汽供暖系统和真空蒸汽供暖系统。其中，低压蒸汽供暖系统和高压蒸汽供暖系统的起始压力分界线为 0.07 MPa，真空蒸汽供暖系统是指起始压力低于大气压。

2. 蒸汽供暖系统的组成及工作原理

图 5-16 所示为机械回水低压蒸汽供暖系统。锅炉将水加热产生蒸汽，经蒸汽总立管、蒸汽干管、蒸汽立管进入散热器，经过凝结放出热量后变成凝结水，凝结水沿凝水立管、凝水干管流入凝结水箱，由凝结水泵将凝结水送入锅炉，再重新加热再次循环。

在低压蒸汽供暖系统中，凝结水箱的位置应低于所有散热器和凝结水管。为了使凝结水能够顺利流入凝结水箱，进入凝结水箱的凝水干管应做顺流向下的坡度。

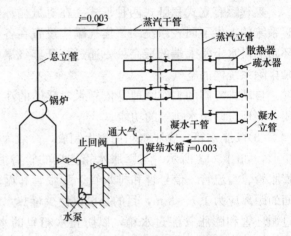

图 5-16 蒸汽供暖系统工作原理

为了系统的空气可经凝水干管流入凝结水箱，再经凝结水箱上的空气管排往大气，凝水干管应满足排气要求。

3. 疏水器

在实际运行过程中，供气压力总有波动，为了避免供气压力过高时未凝结的蒸汽进入凝水管，可在每个散热器的出口或每根凝水立管下安装疏水器。疏水器的作用是自动阻止蒸汽溢漏，而且能迅速排出凝水和系统中空气与其他不凝性气体。图 5-17 是低压疏水装置中常用的恒温式疏水器。疏水器的工作原理是内芯的薄金属波纹管中装有受热易于蒸发的液体，蒸汽流过时其受热蒸发膨胀，波纹管伸长并带动盒底锥形阀堵住小孔，直至蒸汽凝结成水后，波纹管收缩，阀孔打开，排出凝水。

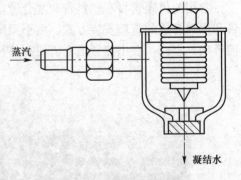

图 5-17 恒温式疏水器

4. 蒸汽供暖系统与热水供暖系统的比较

蒸汽供暖系统与热水供暖系统相比具有以下特点：

(1)相同热负荷下，蒸汽供暖系统所需散热器的面积小，造价低。

(2)相同热负荷下，蒸汽供暖系统所需热媒流量少，系统小，造价低。

(3)蒸汽密度小,没有高层水暖中的水静压力,流速快,加热无滞后。
(4)蒸汽供暖系统中的热媒为"两相流动",系统设计复杂,运行维护难。
(5)蒸汽热惰性小——"来得快,走得快"。
(6)蒸汽供暖系统沿途产生凝结水,导致水击、振动噪声。
(7)蒸汽供暖系统设备和管道易腐蚀,易损坏,寿命短。
由于第(4)~(7)条的原因,蒸汽供暖不适合居住建筑和公共建筑。

二、热风供暖系统

1. 热风供暖系统的概念及分类

热风供暖系统(Hot Air Heating System)是利用热空气做媒质的对流采暖方式。其可分为全面送风供暖、局部送风供暖和末端风机盘管送风供暖。图 5-18 所示为全面送风供暖,其结构包括送风口、过滤器、加热器、通风机和风道等。图 5-19 所示为局部送风供暖——暖风机,其中,左侧为 NC 型轴流式暖风机,右侧为 NBL 型离心式暖风机。

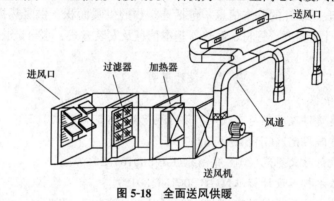

图 5-18 全面送风供暖

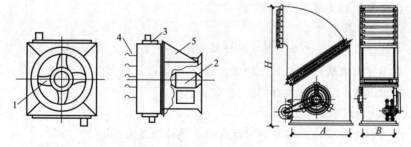

1—轴流式风机;2—电动机;3—加热器;4—百叶片;5—支架

图 5-19 局部送风供暖——暖风机

2. 热风供暖系统与热水供暖系统的比较

热风供暖系统与热水供暖系统相比具有以下特点:

(1)相同热负荷(Q)下,需要很大风量。所以,北方地区风暖仅作为热水供暖的补充,适用于商场、车间等。
(2)送热风的同时,还能通风换气,甚至调节湿度,实现同时调节。
(3)风系统可实现冬季供暖、夏季供冷。

(4)风机、风管噪声大,只适用于工厂、商场。

综上所述,目前仍是热水作为热媒应用更为广泛,最适合居住建筑。

第四节 建筑供暖工程施工图的识读

一、建筑供暖施工图的组成

建筑供暖施工图包括设计说明、供暖平面图和供暖系统图。在满足基本设计要求的前提下,根据施工需要将内容表示清楚,局部地方需要大样图来表达细节问题。

二、设计说明、图签内容和图例

1. 设计说明内容

设计说明主要表述设计的基本信息,包括建筑物的供暖面积、供暖热指标、热媒种类、热媒参数、室内外计算温度、管材、散热器基本信息及安装方式、水压试验等。下述为设计说明举例。

设计说明

一、设计依据

1.《民用建筑供暖通风与空气调节设计规范》(GB 50736—2012)。

2.《住宅建筑规范》(GB 50368—2005)。

3.《建筑设计防火规范(2018 年版)》(GB 50016—2014)。

4.《建筑给水排水设计标准》(GB 50015—2019)。

5.《低温热水地面辐射供暖技术规程》(DB 37/T 5047—2015)。

6. 建设单位相关规定。

二、设计计算参数

1. 室外计算参数:冬季采暖室外计算温度:−21.1 ℃,最大冻土深度:1.69 m。

2. 冬季室内采暖计算参数:卧室:18 ℃,客厅及餐厅:18 ℃,厨房:16 ℃,卫生间(带洗浴):18 ℃,楼梯间:14 ℃。

三、采暖通风系统

1. 本工程为低温地面热辐射采暖系统,热媒温度为 55 ℃~45 ℃。

2. 楼梯间散热器选用翅片管散热器,SL500-6 型,中心距为 500 mm,以 m 为单位,用字母 K 表示。

3. 供暖采用分户计量,立管设于管道井内,各分户入口处供水管上设截止阀、除污器、锁闭阀,回水管上设截止阀、热量表、除污器和锁闭阀,热力入口处回水干管设置热计量及压差控制平衡装置。

4. 敷设在地沟内的采暖管道均采用焊接钢管及配件,地沟内采用厚度为 55 mm 的离心玻璃丝棉外包铝箔保温,管井内采暖立管采用 25 mm 厚橡塑保温,散热器支管管材采用热镀锌钢管,螺纹连接,地热分、集水器支管管材采用热水型 PPR 塑料管,热熔连接。

2. 图签内容

图签位于图纸的右下角，内容包括设计单位、设计人员、审核人员、项目负责人、建设单位、工程名称、图名和日期等，如图 5-20 所示。

设计单位名称						建设单位：××××××××××		
						工程名称：××××××××××		
项目负责人	×××	×××	校对	×××	×××	图名：		×××设×××
专业负责人	×××	×××	审核	×××	×××	一层采暖平面图		暖 施×—×
设 计 制 图	×××	×××	审定	×××	×××			×××年××月

图 5-20　图签

3. 图例

常用供暖施工图例见表 5-1。

表 5-1　常用供暖施工图例

名称	图例	名称	图例
闸阀		异径管	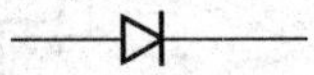
升降式止回阀		偏心异径管	
旋启式止回阀	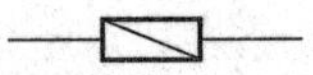	堵板	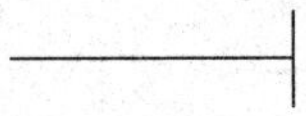
减压阀	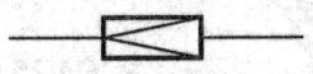	法兰	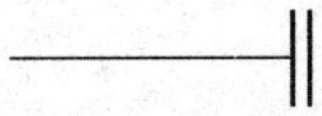
电动闸阀		法兰连接	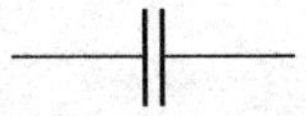
滚动闸阀		丝堵	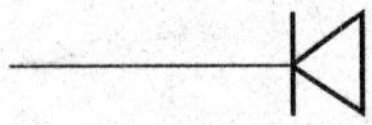
自动截门		补偿器	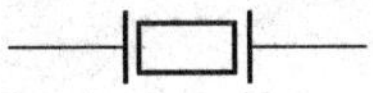
Y 形过滤器	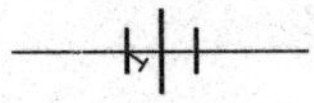	矩形补偿器	
疏水器			
自动截门			

三、散热器供暖施工图举例说明

图 5-21 所示为散热器供暖施工平面图，图 5-22 所示为散热器供暖施工系统图。

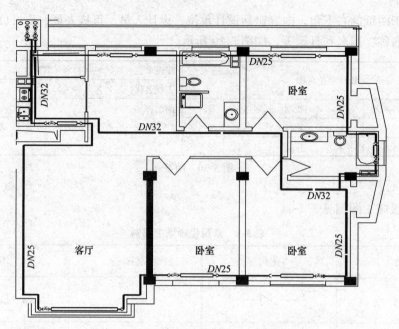

图 5-21 散热器供暖施工平面图

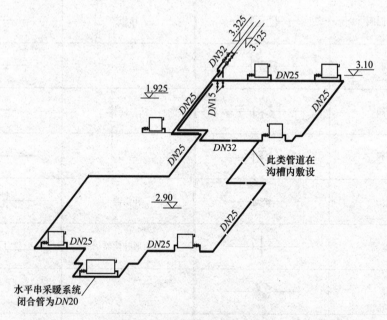

图 5-22 散热器供暖施工系统图

四、低温热水地板辐射供暖施工图举例说明

图 5-23 所示为低温热水地板辐射供暖施工平面图,图 5-24 所示为低温热水地板辐射供暖施工系统图。

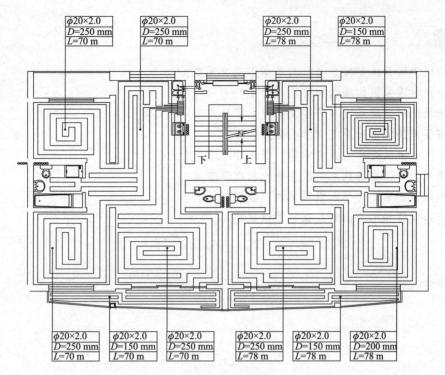

图 5-23 低温热水地板辐射供暖施工平面图

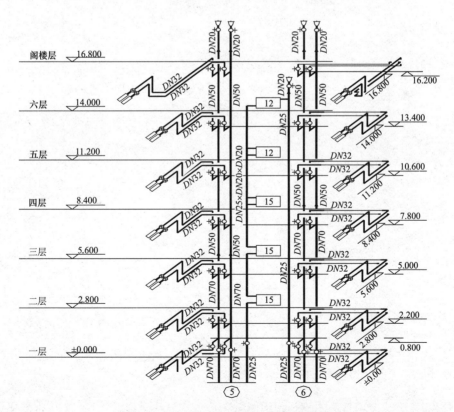

图 5-24 低温热水地板辐射供暖施工系统图

思考题

1. 建筑供暖系统怎样分类？其基本组成有哪些？
2. 分户供暖系统的概念和特点是什么？
3. 地板辐射供暖系统有哪些主要优点、缺点？
4. 高层建筑的供暖系统为什么要分区？
5. 蒸汽供暖系统的组成有哪些？其工作原理是什么？
6. 蒸汽供暖系统与热水供暖系统比较有何特点？
7. 热风供暖系统与热水供暖系统比较有何特点？
8. 建筑供暖施工图由哪几部分图纸组成？

第六章

建筑通风工程

第一节 通风系统的分类与组成

一、建筑通风的意义和任务

1. 建筑通风的基本概念

良好的空气环境已经成为人们健康与幸福的重要决定因素。人一天中大部分时间是在建筑室内环境中度过的,但由于各种建筑物的用途不同,室内空气中含有各种自然或人为产生的对人体有害的物质。建筑通风(Building Ventilation)就是将室内污染的空气直接或经过净化后排至室外,将新鲜空气补充进来,从而保持室内空气环境符合卫生标准和满足生产工艺的需要。

通风,一方面起着改善居住建筑和生产车间的空气条件,保护人体健康、提高劳动生产率的重要作用;另一方面在许多工业部门其又是保证生产正常进行、提高产品质量所不可缺少的组成部分。

2. 建筑通风的意义与任务

(1)防暑降温通风。排除建筑内多余的热量和湿量(余热、余湿),创造适宜的室内环境,对夏季热加工厂房尤为重要。

(2)工业通风。控制生产过程中产生的粉尘、有害气体、高温和高湿气体,创造良好的生产环境和保护大气环境。

3. 各种工业类型及产生的有害物

在工业建筑内,往往在生产过程中,会不断地向车间空气内发散出余热、余湿、有害气体、蒸汽和粉尘等有害物。这些有害物如果没有及时排出室外,很快就会扩散到整个车间的空气中,使车间空气的状态发生显著变化。生产过程中各种加热设备、热材料和热成品等散发大量热量,浸洗、蒸煮设备散发大量蒸汽,产生的余热和余湿过大时,不仅会降低劳动生产率,同时,也影响到产品的质量。粉尘是指能在空气中浮游一定时间的固体微粒。在生产过程中，由于固体物料的机械粉碎和研磨，粉状物料的混合、筛分、运输及包装，物质的燃烧等原因，导致粉尘的产生。在化工、造纸、纺织物漂白、电镀、酸洗、喷漆、金属冶炼等过程中均会产生大量有害气体和蒸汽，主要成分有一氧化碳、二氧化碳、氯化氢、氟化氢和氮氧化物，以及铅、汞、苯等蒸汽。室内空气的流动会造成有害气体和蒸汽的扩散。另外，某些化工过程、污水处理、垃圾处理过程还会伴随恶臭气味的产生。

二、通风系统的分类

通风就是在局部地区或整个房间将不符合卫生标准的污浊空气排至室外，将新鲜空气或经过净化处理的空气送入室内，前者称为排风，后者称为送风。通风系统就是为实现送风或排风而采用的一系列设备和装置的总称。通风系统的分类如下。

(一) 按通风系统的作用范围分类

1. 全面通风

全面通风(Comprehensive Ventilation)是指对整个室内环境进行通风换气，以改变温度、湿度，稀释有害物浓度，使其空气环境符合卫生标准要求。根据气流方向，全面通风可分为全面排风和全面送风(图6-1)。全面通风的效果与通风量和气流组织有关。全面通风所需要的风量大，设备和风管尺寸庞大，初投资和运行费用较高。

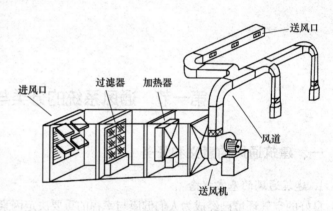

图6-1 全面送风系统

2. 局部通风

局部通风(Local Ventilation)是利用局部气流，使局部工作地点不受有害物的污染，营造良好的空气环境。根据气流方向，局部通风可分为局部排风(图6-2)和局部送风。局部通风系统的送风量或排风量较小，设备和管道投资较低，运行和维护费用也较少。

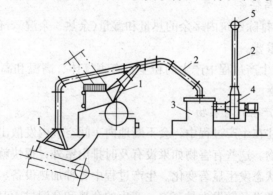

1—局部排风罩；2—排风管；3—净化设备；4—排风机；5—排风帽

图6-2 局部排风系统

(二)按通风系统的工作动力分类

1. 自然通风

自然通风(Natural Ventilation),即依靠室外风力造成的风压和室内外空气温度差造成的热压,促使空气流动,使建筑室内外空气交换。自然通风可以保证建筑室内获得新鲜空气,带走多余的热量,又不需要消耗动力,节省能源,节省设备投资和运行费用,是一种经济节能的通风方法。其缺点是通风量受到自然条件和建筑结构的约束难以有效控制,通风效果不稳定。

2. 机械通风

机械通风(Mechanical Ventilation),即依靠风机提供的风压、风量,通过管道和送、排风口系统可以有效地将室外新鲜空气或经过处理的空气送到建筑物的任何工作场所;还可以将建筑物内受到污染的空气及时排至室外,或者送至净化装置处理合格后再进行排放。机械通风能够合理地引导室内空气流动方向,便于调节通风量,稳定通风效果。其缺点是系统运行需消耗电能,风机和管道占用空间,因此初投资和运行费用较高,安装管理较为复杂,且容易产生噪声。

三、通风系统的组成

1. 送风系统

送风系统(Air Supply System)主要由进风口、进气室(过滤、加热/冷却)、送风机、送风管道、送风口、调节阀等部分组成,如图 6-1 所示。

(1)进风口。进风口是进风的入口,其上设有百叶风格,可以阻挡室外杂物进入进气室。

(2)进气室。进气室是进风小室,内设过滤器、空气加热器等设备,可以实现对进气的过滤、加热、冷却等处理过程。

(3)送风机。送风机是促使空气流动,将进风小室内的空气送入管道,提供动力的机械设备。

(4)送风管道。输送空气的管道。

(5)送风口。空气通过送风口直接送到指定地点。

2. 排风系统

排风系统(Exhaust System)主要由局部排风罩、排风管道、净化设备、排风机、排风帽等部分组成,如图 6-2 所示。

(1)局部排风罩。局部排风罩是在局部排风系统中,设置在有害物质发生源处,就地捕集和控制有害物质的通风部件。其性能对局部排风系统的技术经济指标有直接影响。性能良好的局部排风罩,通过较小的风量就可以获得较好的通风效果。

(2)排风管道。排风管道是输送需要排走空气的管道,它将系统中各个设备或部件连接成为一个整体。管道尽可能短而直,表面光滑,阻力小。

(3)净化设备。当排出的空气中含有的有害物质浓度超出排放标准时,必须设置空气净化处理设备,以防止大气污染。

(4)排风机。排风机是为排风系统提供空气流动动力的机械设备。一般设置在净化设备的后面。

(5)排风帽。排风帽是排风系统的末端装置。其直接将污浊空气排至室外。

第二节 建筑通风方式与通风设备

一、自然通风系统

(一)自然通风的特点

自然通风(Natural Ventilation)是一种经济的通风方式,它可以获得较大的通风量,且不消耗动力,节约能源,有利于保护环境,简单易行,在工业和民用建筑中广泛应用。在建筑物中,应用自然通风技术具有如下特点:无须人工能源,节能环保;排出室内废气污染物,消除余热、余湿;引入新风,维持室内良好的空气品质;满足人体热舒适。

(二)自然通风的原理

自然通风是依靠室外风力造成的风压和室内外空气温度差造成的热压使空气流动,以达到提供给室内新鲜空气和稀释室内污染物,除去余热、余湿的目的。自然通风按工作原理可分为风压作用下的自然通风、热压作用下的自然通风、风压、热压共同作用下的自然通风。

1. **风压作用下的自然通风**

当室外气流与建筑物相遇时,由于建筑物的阻挡,建筑物四周室外气流的压力分布将发生变化,迎面气流受阻,静压增高,动压降低,形成正压区,在背风面及屋顶和两侧形成负压区。当建筑物上开有窗口,气流就从正压区流向室内,再从室内向外流向负压区,形成风压通风。影响风压通风的压力大小的因素主要有风速和由建筑各面尺寸及风向之间夹角所决定的空气动力系数。空气动力系数一般由专门的模型实验决定。

2. **热压作用下的自然通风**

热压作用下的自然通风是由于存在室内外温差和进气口、排气口落差,利用空气密度随温度升高而降低的原理进行的一种通风方式。

3. **风压、热压共同作用下的自然通风**

风压、热压同时作用时,如图 6-3 所示。自然通风技术应用在建筑中的原理是利用建筑内部的热压和建筑外表的风压,使建筑内形成空气流动,尽量减少传统空调制冷系统的使用,降低能耗,减少污染。

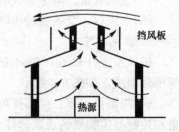

图 6-3 风压和热压共同作用下的自然通风

(三)建筑设计与自然通风

建筑设计应该充分利用自然通风,以减少能耗。对于建筑本身来说,建筑物的高度、进深、长度和迎风方位,都会影响建筑的自然通风;对于建筑群体来说,影响自然通风的因素有建筑间距、排列组合方式及建筑群体的迎风方位;对于住宅区规划来说,合理选址及住宅区绿地、道路、水面的合理布局,都有助于达到最佳通风效果。

1. **建筑物外形的设计**

(1)以自然通风为主的热车间应尽量采用单跨厂房,以增大进风面积。

(2)当建筑背风面和迎风面的外墙开口面积占外墙总面积的 25%,且车间内部阻挡较小时,容易形成穿堂风。以穿堂风为自然通风主要形式的建筑形式是如图 6-4 所示的开放式厂房。

(3)为了降低厂房内温度、冲散有害物浓度,有些生产厂房采用双层结构,如图6-5所示。这种双层建筑自然通风量大,工作区温升小。车间主要设备在二层,设置四排连续的进风格子板,室外空气通过窗和进风格子板直接进入工作区。

(4)若降低进风侧窗的高度,则可以适当提高自然通风效果,一般侧窗高度不宜超过1.2 m,南方炎热地区可取0.6~0.8 m。

(5)在多跨厂房中应尽量避免热跨相邻,将冷热跨间隔布置。

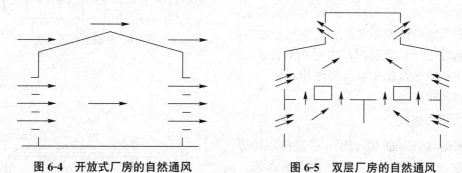

图6-4 开放式厂房的自然通风　　　图6-5 双层厂房的自然通风

2. 建筑物的朝向

考虑自然通风的效率,影响建筑物朝向的主要因素有日照量、当地风的相关特性、冬夏季主导风的方向风速以及风的温度。建筑物迎风面最大的压力是在与风向垂直的面上,因此,应尽量使建筑主立面朝向夏季主导风向,侧立面朝向冬季主导风向;国内大部分地区夏季主导风向是南或南偏东,且南向是太阳辐射量最多的方向,故南向是建筑物朝向最好的选择,且有利于避免东、西晒。

3. 建筑物的间距

建筑物南北向日照间距较小时,前后排建筑产生遮挡,风压小,影响通风效果;反之,建筑日照间距较大时,后排建筑风压较大,通风效果较好。因此,在住宅组团设计中,大部分住宅楼之间做成绿地,提供良好业余活动场所的同时,对改善绿地下风侧住宅的自然通风效果较好。当室外空气吹过建筑群时,在建筑的山墙之间将形成一条空气射流。当采用错列布置时,利用住宅山墙之间的空气射流,可以改善下风方向住宅的自然通风效果。住宅间距越大,山墙间距也应该越大,可以使足够的空气射流吹到后排建筑上,且不影响消防和道路交通。

二、机械通风系统

机械通风系统(Mechanical Ventilation System)是依靠风机提供的风压和风量,通过管道和送排风系统,将室外新鲜空气或经过处理的空气送到需要的场所,也可以将建筑物内受污染的空气排至室外,或送至净化处理后再进行应用。机械通风系统会耗费一定的能源,风量和风压可控,能合理组织气流,且作用范围大,可排除室内任何气态污染物,也可以满足人体热舒适和卫生要求。

机械通风系统根据作用范围的大小及通风功能的不同可分为全面通风和局部通风。

(一)全面通风

根据建筑物对通风的不同要求及室内污染物的不同(性质、浓度等),可以选择不同的形式进行全面通风(Comprehensive Ventilation)。常见的全面通风系统形式有机械送风自然排风系统、自然送风机械排风系统、机械送风机械排风系统。图6-6所示为机械送排风系统。室外新鲜空气经过热湿处理达到要求的空气状态后，由风机通过风管、送风口送入室内。室内受污染的空气通过吸风口、风管由风机排至室外。这种系统可以根据室内工艺及污染物的散发情况合理进行气流组织，达到需要的通风效果。这种系统的投资及运行费用相对较大，通风效果也比较理想。

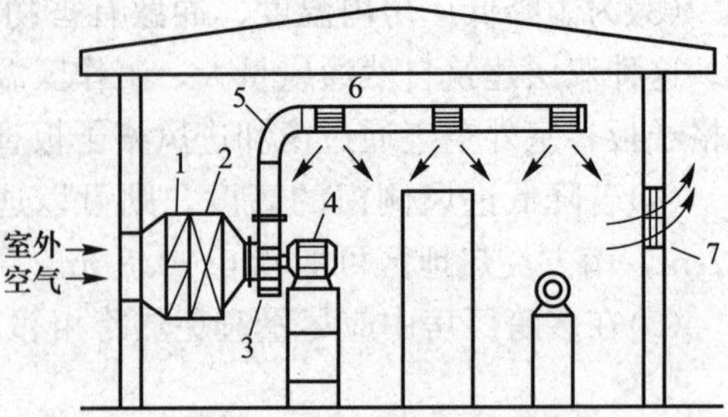

图6-6 机械送排风系统

（二）局部通风

局部通风(Local Ventilation)是指用局部气流的方法，向建筑内需要通风的场所送风，或者将工作场所散发的热湿及空气污染物排出建筑物。局部通风可以根据空气污染物的散发情况和污染物特性，采用合理的局部气流方式进行集中，利用风机，将其送去净化装置进行处理，达到环保标准后进行排放。因此，局部通风比全面通风在治理空气污染上更具有针对性，而且减少能耗，节省投资。图6-7所示为典型的局部通风方式。

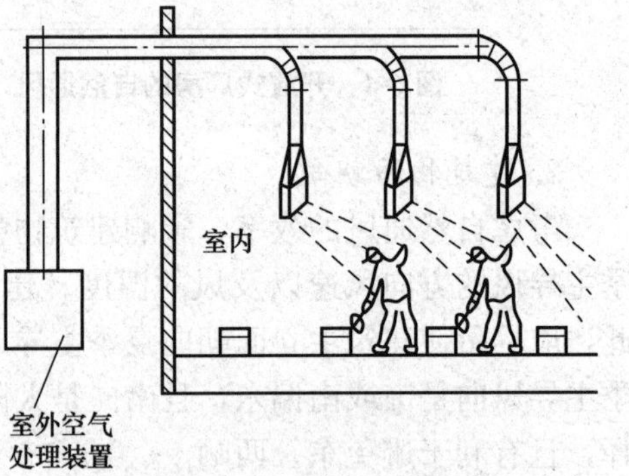

图6-7 局部机械送风系统

（三）风量平衡和热平衡

(1)风量平衡(Air Balance)。无论采用什么方式通风，必须保持室内压力稳定不变，才能够正常送风和排风。控制建筑物内的风量平衡，即要求进入室内的总风量等于排出建筑物的总风量。在实际工程中，对产生空气污染物的建筑物，常使排风量大于进风量，使室内形成一定的负压，以防止空气污染物向邻室扩散，不足的进风量可由邻室和自然渗透弥补；对要求清洁且周围环境较差的建筑物，为阻止外界空气进入室内，需要室内保持一定正压，因此，常使进风量大于排风量。上述两种情况下的渗透风量为无组织通风量，其存在会使室内压力出现不稳定，可能会带来其他问题，因此，建筑通风必须进行风量平衡计算。

(2)热平衡(Heat Balance)。热平衡是指建筑物的得热量(包括由进风带入的热量及其他得热量)与失热量(包括由排风带出的热量及其他失热量)相等，以保证室内空气温度稳定。若房间得热量大于失热量，则室内温度会高于设计温度；若房间失热量大于得热量，则室内温度低于设计温度。上述两种情况均会造成室内温度的不稳定，因此，建筑通风必须进行热平衡计算。

三、通风系统常用设备

自然通风系统设备比较简单，包括进排风窗及附属开关装置。机械通风系统的构件和设备较多，送风系统主要有室外进风装置、送风处理设备、送风口、风机及管道等；排风系统主要有室内排风口、排风处理设备、风机、风道及室外排风口等。

(一)风机(Fan)

风机按作用原理,可分为离心式风机和轴流式风机两种类型。

1. 离心式风机

离心式风机的组成主要有机壳、叶轮、电动机、进风口、风机轴等,如图6-8所示。

离心式风机是根据动能转换为势能的原理,利用高速旋转的叶轮将气体加速,然后在风机壳体内减速、改变流向,使动能转换成压力能;叶轮在旋转时产生离心力,将空气从叶轮中甩出,汇集在机壳中升高压力,从出风口排出;叶轮中的空气被排出后,形成了负压,抽吸着外界气体向风机内补充。其特点是气体轴向进,径向出,风压较大。

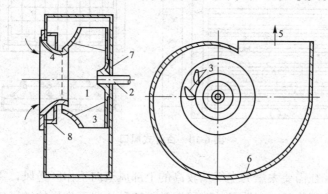

1—叶轮;2—机轴;3—叶片;4—吸气口;5—出口;6—机壳;7—轮毂;8—扩压环

图6-8 离心式风机

2. 轴流式风机

轴流式风机的组成主要有机壳、叶轮、电动机、进风口、风机轴等,如图6-9所示。

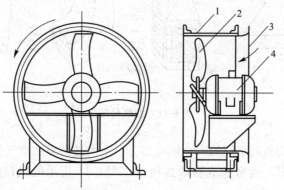

1—圆筒形机壳;2—叶轮;3—进风口;4—电动机

图6-9 轴流式风机

当叶轮旋转时,气体从进风口轴向进入叶轮,受到叶轮上叶片的推挤而使气体的能量升高,然后流入导叶;导叶将偏转气流变为轴向流动,同时将气体导入扩压管,进一步将气体动能转换为压力能,最后引入工作管路。轴流风机的叶片一般都是可以转动角度的,大部分轴流风机都配有一套叶片液压调节装置;当风机运行时,通过叶片液压调节装置,可调节叶片的安装角,并保持在一定角度,使其在变工况时仍有较高的效率。轴流风机的气流方向与机轴相平行,通常用在流量要求较高而压力要求较低的场合。

(二)送、排风口(Air Inlet and Air Outlet)

室内风口的位置决定了通风房间的气流组织形式。室内送风口是送风系统中末端装置,由风道输送的空气通过送风口,以适当的风速分配到各个送风地点。

常用的性能较好的风口有百叶式风口,如图6-10所示。百叶式风口可在墙上、风管上及风管末端安装;有单、双层,活动式,固定式之分。其中,双层百叶式风口不仅可以调节气流速度,也可以调节出风角度。

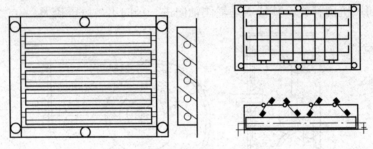

图6-10 百叶式风口

在工业车间中往往需要大量的空气从较高的上部风道向工作区送风,需要送风口处的风速迅速降低,以避免工作地点有明显的吹风感觉,这种情况下常用的送风口形式是空气分布器,如图6-11所示。

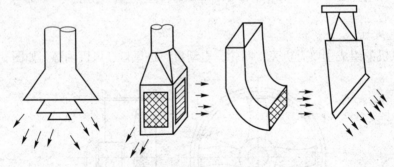

图6-11 空气分布器

排风口是室内全面通风系统的一个组成部分,室内被污染的空气经过排风口进入排风管道。排风口的种类不多,通常做成百叶式风口,图6-11所示的风口也可以用于排风系统,当作排风口使用。

在组织通风气流时,空气应通过送风口将新鲜空气直接送到工作地点,排风口需要根据有害物的分布规律设在浓度最大的地方。

(三)风道(Air Duct)

1. 风道材料

制作风道的材料多种多样,工业通风系统常使用薄钢板、镀锌钢板制作风道,另外,也会用不锈钢钢板、铝板,住宅中也常用硬聚氯乙烯制作管道,地下管道常用混凝土制作,矿渣石膏板常用于剧场等场所。

2. 风道形状

管道的截面主要呈矩形或圆形。矩形风道易与建筑结构配合，便于加工，容易布置，截面大、流速低的风道多采用矩形截面。圆形风道的强度大、阻力小、耗材少，但占用空间大，不易与建筑结构配合。对于小管径、高流速的除尘系统，常选用圆形风道。

(四)气体净化装置(Gas Purification Equipment)

除尘器和净化器均可以达到净化气体的目的。除尘器的种类很多，有旋风式除尘器(图 6-12)、湿式除尘器、布袋式除尘器(图 6-13)、静电式除尘器等。净化器有吸收塔、吸附器等。

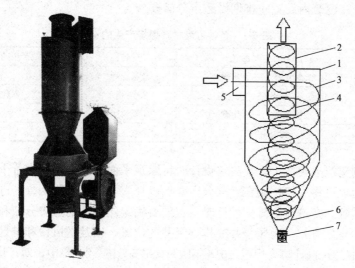

1—筒体；2—排出管；3—外废气流；4—内废气流；5—尘气入口；6—锥体；7—排灰阀

图 6-12　旋风式除尘器

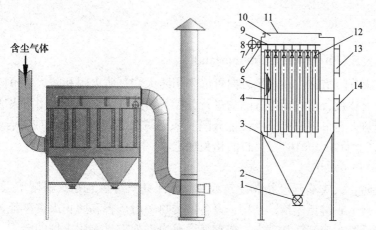

1—卸灰阀；2—支架；3—灰斗；4—箱体；5—滤袋；6—袋笼；
7—电磁脉冲阀；8—储气罐；9—喷管；10—清洁室；
11—顶盖；12—环隙引射器；13—净化气体出口；14—含尘气体入口

图 6-13　布袋式除尘器

第三节 建筑防火与建筑防排烟

建筑物火灾烟气中所含一氧化碳、二氧化碳、氟化氢、氯化氢等多种有毒成分，以及高温缺氧等会对人体造成极大的危害；而火灾形成的烟气成分取决于可燃物的化学组分和燃烧条件。常见的各种可燃材料在燃烧时产生的有害气体见表6-1。及时排除烟气，对保证人员安全疏散、控制烟气蔓延、便于扑救火灾具有重要的作用。对于一座建筑，当其中某部位着火时，应采取有效的排烟措施排除可燃物燃烧产生的烟气和热量，使该局部空间形成相对负压区；对非着火部位及疏散通道等应采取防烟措施，防止烟气侵入，以利于人员的疏散和灭火救援。因此，在建筑内设置防排烟设施十分必要。

表6-1 各种可燃材料燃烧产生的毒气

材料名称	产生的主要毒气	材料名称	产生的主要毒气
木材	二氧化碳、一氧化碳	聚氯乙烯	氢氯化物、二氧化碳、一氧化碳
羊毛	二氧化碳、一氧化碳、硫化氢、氨气	酚树脂	氨气、氰化物、一氧化碳
棉花、人造纤维	二氧化碳、一氧化碳	环氧树脂	丙酮、二氧化碳、一氧化碳
聚苯乙烯	苯、甲苯		

为有效控制建筑火灾发生，在建筑设计时将建筑平面和空间划分为若干个防火分区与防烟分区，一旦起火可将火势控制在起火分区并加以扑灭，同时对防烟分区进行隔断，以控制烟气的流动和蔓延。在进行防排烟设计时，首先要确定建筑物的防火分区和防烟分区，然后再确定合理的防排烟方式、送风竖井或排烟竖井的位置，以及送风口和排烟口的位置。

为此，我国《建筑设计防火规范(2018年版)》(GB 50016—2014)中，对厂房、仓库、住宅建筑和公共建筑等工业与民用建筑的建筑耐火等级分级，以及其建筑构件的耐火极限、平面布置、防火分区、防火分隔、建筑防火构造、防火间距和消防设施设置的基本要求等也都作了相关规定。

一、防火

(一)防火设施(Fireproofing Equipments)

常用的防火分隔措施：在水平方向可以采用防火墙、防火门和防火卷帘门等；在垂直方向可以采用防火楼板、窗间墙等分隔物进行分区。防火分区之间应采用防火墙分隔，确有困难时，可采用防火卷帘等防火分隔设施分隔。采用防火卷帘分隔时，应符合《建筑设计防火规范(2018年版)》(GB 50016—2014)的相关规定。

1. 防火墙(Firewall)

防火墙是防止火灾蔓延至相邻建筑或相邻水平防火分区且耐火极限不低于3.00 h的不燃性墙体。为减小或避免建筑、结构、设备遭受热辐射危害和防止火灾蔓延，设置的竖向分隔体，或直接设置在建筑物基础上，或钢筋混凝土框架上具有耐火性的墙。

防火墙按所处位置和构造形成，可分为横向防火墙、纵向防火墙、室内防火墙、室外防火墙和独立防火墙。防火墙应满足下列要求：

(1)防火墙应直接设置在建筑的基础或框架、梁等承重结构上，框架、梁等承重结构的耐火极限不应低于防火墙的耐火极限。

(2)建筑外墙为难燃性或可燃性墙体时,防火墙应凸出墙的外表面0.4 m以上。

建筑外墙为不燃性墙体时,防火墙可不凸出墙的外表面,紧靠防火墙两侧的门、窗、洞口之间最近边缘的水平距离应不小于2.0 m。

(3)建筑内的防火墙不宜设置在转角处。

(4)防火墙上不应开设门、窗、洞口。可燃气体和可燃液体的管道严禁穿过防火墙。防火墙内不应设置排气道。

(5)防火墙的构造应能在防火墙任意一侧的屋架、梁、楼板等受到火灾的影响而破坏时,不会导致防火墙倒塌。

2. 防火门(Fire Door)

防火门是指在一定时间内能满足耐火稳定性、完整性和隔热性要求的门。其是设置在防火分区之间、疏散楼梯间、垂直竖井等具有一定耐火性的防火分隔物。

(1)防火门分类。防火门按其结构,可分为平开单扇门和平开双扇门;按其耐火极限,可分为甲、乙、丙三级,其耐火极限分别不低于1.2 h、0.9 h、0.6 h。甲级防火门一般适用于防火墙及防火分隔墙上;乙级防火门适用于封闭的楼梯间、单元住宅内、开向公共楼梯间的户门等;丙级防火门适用于电缆井、管道井、排烟道等管井壁上,当作检查门;按其开启状态,可分为常闭防火门和常开防火门;按其燃烧性能,可分为非燃烧体防火门和难燃烧体防火门。防火门如图6-14所示。

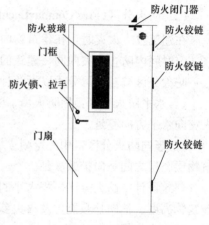

图6-14 防火门

(2)防火门要求。防火门的设置应符合下列规定:

①设置在建筑内经常有人通行处的防火门宜采用常开防火门。

②应具有自闭功能。除管井检修门和住宅的户门外,防火门应具有自行关闭功能。

③防火门应能在其内外手动开启。

④设置在建筑变形缝附近时,防火门应设置在楼层较多的一侧,并应保证防火门开启时门扇不跨越变形缝。

3. 防火卷帘(Fire Roller Shutter)

当设置防火墙或防火门有困难时,可设防火卷帘(图6-15),一般主要用于商场、营业厅、建筑物内中庭及门洞宽度较大的场所。防火卷帘设置在建筑物中防火分区通道门处,可形成门帘或防火分隔。

(1)防火卷帘分类。防火卷帘按帘板厚度不同,可分为轻型卷帘和重型卷帘;按开启方向,可分为上下开启式、横向开启式、水平开启式,前两者用于门

图6-15 防火卷帘

窗洞口和房间内的分隔,后者用于楼板孔道或电动扶梯隔间的顶盖;按卷帘卷起的方法,可分为手动式和电动式;按耐火极限,可分为普通型防火卷帘和复合型防火卷帘,前者耐火极限为1.5~2 h,后者耐火极限为2.5~3 h;按帘板构造,可分为普通型钢质防火卷帘和复

合型钢质防火卷帘,前者帘板由单片钢板制成,耐火极限为1.5~2 h,后者帘板由双片钢板制成,中间加隔热材料,耐火极限为2.5~3 h。

(2)防火卷帘组成。防火卷帘由帘板、导轨、传动装置、控制机构组成。防火卷帘两侧应装设专用火灾探测器和手动控制按钮及人工升降装置。

设置防火卷帘时,应符合下列规定:

①防火卷帘应具有火灾时靠自重自动关闭功能。

②防火卷帘的耐火极限应不低于防火规范中对所设置部位墙体的耐火极限要求。

③防火卷帘应具有防烟性能,与楼板、梁、墙、柱之间的空隙应采用防火封堵材料进行封堵。

④需在火灾时自动降落的防火卷帘,应具有信号反馈的功能。

(二)防火分区(Fire Compartment)

在建筑发生火灾时,在建筑物内部采用防火墙、楼板及其他防火分隔设施分隔而成,能在一定时间内防止火灾向同一建筑的其余部分蔓延的局部空间称为防火分区。

防火分区按功能可分为以下两种:

(1)水平防火分区:用防火墙、防火门、防火卷帘将楼层水平分成几个防火分区,防止火灾向水平方向蔓延。

(2)竖向防火分区:用一定耐火极限的楼板和窗间墙将上下层隔开,防止多层或高层建筑物层与层之间竖向扩散蔓延。

建筑设计中防火分区面积大小的确定应考虑建筑物的使用性质、重要性、火灾危险性、建筑物高度、消防扑救能力及火灾蔓延的速度等因素,合理划分防火分区,以有利于灭火救援、减少火灾损失。

《建筑设计防火规范(2018年版)》(GB 50016—2014)中,不同耐火等级建筑的允许建筑高度或层数、防火分区最大允许建筑面积应符合表6-2的规定。

表6-2 不同耐火等级建筑的允许建筑高度或层数、防火分区最大允许建筑面积(部分摘录)

名称	耐火等级	允许建筑高度或层数	防火分区的最大允许建筑面积/m²	备注
高层民用建筑	一、二级	按《建筑设计防火规范(2018年版)》(GB 50016—2014)第5.1.1条确定	1 500	对于体育馆、剧场的观众厅,防火分区的最大允许建筑面积可适当增加
单、多层民用建筑	一、二级	按《建筑设计防火规范(2018年版)》(GB 50016—2014)第5.1.1条确定	2 500	
	三级	5层	1 200	
	四级	2层	600	
地下或半地下建筑(室)	一级	—	500	设备用房的防火分区最大允许建筑面积不应大于1 000 m²

《建筑设计防火规范(2018年版)》(GB 50016—2014)中，有关防火分区的规定如下：

(1)建筑内设置自动扶梯、敞开楼梯等上、下层相连通的开口时，其防火分区的建筑面积应按上、下层相连通的建筑面积叠加计算。

(2)防火分区之间应采用防火隔墙分隔，确有困难时可采用防火卷帘等防火分隔设施分隔。

(3)一、二级耐火等级建筑内的商店、营业厅、展览厅，当设置自动灭火系统和火灾自动报警系统并采用不燃或难燃装修材料时，其每个防火分区的最大允许建筑面积应符合规范中的相关规定。

(4)总建筑面积大于 20 000 m² 的地下或半地下商店，应采用无门、窗、洞口的防火墙、耐火极限不低于 2.00 h 的楼板，将其分隔成多个建筑面积不大于 20 000 m² 的区域。相邻区域确需局部连通时，应采用下沉式广场等室外开敞空间、防火隔间、避难走道、防烟楼梯间等方式进行连通，并应符合规范中的相关规定。

二、防烟

防烟是指通过可开启的外窗或排烟窗将烟气及时排走，确保在疏散和扑救过程中防烟楼梯间和消防电梯井内无烟。当高层建筑发生火灾时，建筑物内的防烟楼梯间及其前室、消防电梯前室、防烟楼梯间和消防电梯合用前室、封闭避难层(间)都应设置防烟设施。

防烟分为机械加压送风的机械防烟和可开启外窗的自然防烟。

(一)防烟方式

防烟方式主要有机械加压防烟、密闭防烟和不燃化防烟等。

1. 机械加压防烟

机械防烟是利用风机产生的压力来控制烟气流动方向的防烟技术。在高层建筑的垂直疏散通道，如防烟楼梯间、前室、合用前室及封闭的避难层等部位，进行机械送风和加压，使上述部位室内处于相对正压，避免烟气进入。

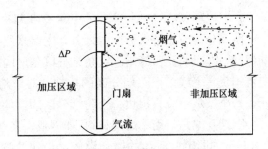

图 6-16　加压防烟方式示意

机械加压送风系统由加压送风机、送风道、加压送风口及其自控装置等部分组成。加压防烟方式示意如图 6-16 所示。

机械加压送风方式有许多种，见表 6-3，本书仅介绍对防烟楼梯间及其消防电梯的合用前室分别加压送风方式。

表 6-3　防烟楼梯间及消防电梯间加压送风方式

序号	加压送风系统方式	图例	序号	加压送风系统方式	图例
1	仅对防烟楼梯间加压送风(前室不加压送风)		4	仅对消防电梯的前室加压送风	

续表

序号	加压送风系统方式	图例	序号	加压送风系统方式	图例
2	对防烟楼梯间及其前室分别加压送风		5	当防烟楼梯间具有自然排烟条件，仅对前室及合用前室加压送风	
3	对防烟楼梯间及其消防电梯的合用前室分别加压送风				

2. 密闭防烟

密闭防烟是指当发生火灾时，利用防火墙、防火卷帘将着火房间密闭起来隔绝烟气。密闭防烟方式多用于较小的房间，如住宅、旅馆、集体宿舍等。由于着火房间体积小，采用耐火结构的墙、楼板分离、密闭性能好，烟气在密闭的空间内向外扩散的可能性较小，减小了对整栋建筑物内人员的危害。当可燃物较少时，密闭空间内的火势可能由于氧气不足而自行熄灭。

3. 不燃化防烟

在建筑设计中，尽可能地采用不燃烧或难燃的室内装修材料、家具、各种管道及其绝热保温材料。不燃烧材料具有不燃烧、不碳化、不发烟等特点，可以从根本上解决防烟问题。高度大于 100 m 的超高层建筑、地下建筑等，应优先采用不燃烧防烟方式。

(二)防烟分区(Smoke Preventing Zoning)

防烟分区应在防火分区内划分，主要采用挡烟隔墙(封闭式防烟分区)、挡烟梁和挡烟垂壁(开敞式防烟分区)等措施；防烟分区是房间或走道排烟系统设计的组合单元，一个排烟系统可担负一个或多个防烟分区的排烟。对于地下汽车库，防烟分区则是一个独立的排烟单元，每个排烟系统只担负一个防烟分区的排烟。

挡烟垂壁是指用不燃烧材料(如钢板、夹丝玻璃、钢化玻璃等)制成，从顶棚下垂不小于 500 mm 的固定或活动的挡烟设施。当建筑物净空较低时，宜采用活动式的挡烟垂壁，如图 6-17(a)所示。建筑物净空较高时，可采用固定式的，将挡烟垂壁长期固定在顶棚上，如图 6-17(b)所示。

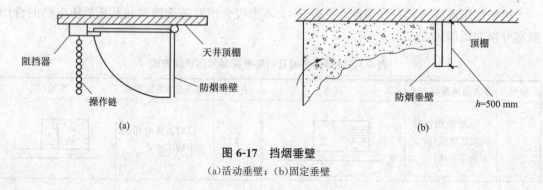

图 6-17 挡烟垂壁
(a)活动垂壁；(b)固定垂壁

有条件的建筑物可利用钢筋混凝土梁或钢梁做挡烟梁进行挡烟,如图 6-18 所示。从挡烟效果看,挡烟隔墙比挡烟垂壁的效果要好些。因此,安全要求较高的场所宜采用挡烟隔墙,如图 6-19 所示。

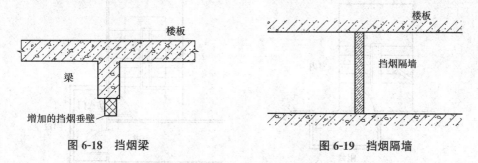

图 6-18 挡烟梁　　　　　　　图 6-19 挡烟隔墙

划分防烟分区应注意以下几点:

(1)凡需要设置排烟设施的走道、房间(不包括净空高度超过 6 m 的房间),应采用挡烟垂壁、隔墙或从顶棚下凸出不小于 500 mm 的梁划分防烟分区。

(2)每个防烟分区的面积不宜超过 500 m² 且防烟分区不应跨越防火分区。

三、排烟

排烟是利用自然或机械作用力将烟气排至室外,可分为自然排烟和机械排烟。排烟的部位分为着火区和疏散通道。着火区排烟是将火灾发生的烟气排至室外,降低着火区的压力,避免烟气流向非着火区;疏散通道的排烟是为了排除可能侵入的烟气,保证疏散通道无烟或少烟。

对于厂房或仓库以及民用建筑的相关场所或部位应根据《建筑设计防火规范(2018 年版)》(GB 50016—2014)规定设置排烟设施。地下或半地下建筑(室)、地上建筑内的无窗房间,当总建筑面积大于 200 m² 或一个房间建筑面积大于 50 m²,且经常有人停留或可燃物较多时,也应设置排烟设施。

常见的排烟方式有自然排烟和机械排烟。

1. 自然排烟(Natural Smoke Exhaust)

自然排烟是利用发生火灾时产生的热烟气流的浮力和外部风力作用,通过建筑物的对外开口将房间、走道等空间的烟气排至室外,这种排烟方式必须有冷空气的进口和热烟气的排出口。

对于具有邻近室外的防烟楼梯间及前室、消防电梯间前室和合用前室的建筑,自然排烟是首选的排烟方式。采用自然排烟方式时,应结合相邻建筑物对风的影响,将排烟口设置在建筑物常年主导风向的负压区内。

根据《建筑设计防火规范(2018 年版)》(GB 50016—2014)的规定,对于建筑高度小于或等于 50 m 的公共建筑、工业建筑和建筑高度小于或等于 100 m 的住宅建筑,可利用建筑本身的采光部位(如外窗)进行排烟通风,基本起到防止烟气进一步进入安全区域的作用,即设置自然排烟。

自然排烟的方式可分为以下几种:

(1)利用建筑物的阳台、凹廊进行排烟,如图 6-20 所示。

(2)利用靠外墙的防烟楼梯间、消防电梯前室或合用前室直接对外开启的窗进行排烟，如图 6-21 所示。

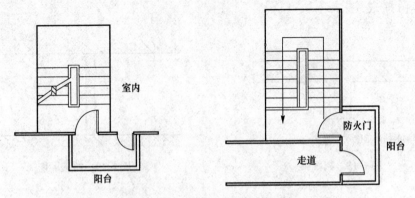

图 6-20 利用室外阳台或凹廊排烟

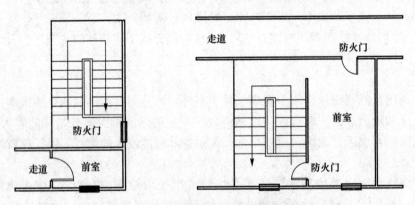

图 6-21 利用直接向外开启的窗排烟

排烟窗一般应设置在房间的上方，并有方便开启的装置。

(3)设竖井排烟，对于无窗房间、内走道或外墙无法开窗的前室可设排烟竖井进行排烟，如图 6-22 所示。

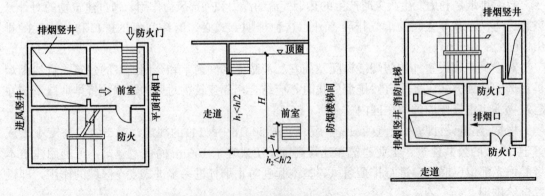

图 6-22 排烟竖井排烟

2. 机械排烟(Mechanical Smoke Exhaust)

当发生火灾时,利用风机做动力向室外排烟的方法称为机械排烟。设置排烟设施的场所,当不具备自然排烟条件时,应设置机械排烟设施。与自然排烟相比,机械排烟不受排烟外界条件(如温度、风力、风向、建筑特点等)的影响,工作稳定;排烟风道的断面小,节省建筑空间;机械排烟的设施费用高,设备要耐高温、管理维修复杂;需要备用电源,防止火灾时排烟系统因停电不能正常运行。

机械排烟系统由烟壁(活动式或固定式挡烟垂壁)、排烟口(或带有排烟阀的排烟口)、防火排烟阀、排烟管道、排烟风机和排烟出口等部件组成,如图 6-23 所示。

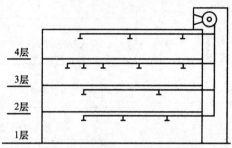

机械排烟可分为局部排烟和集中排烟两种。局部排烟方式是在每个房间内设置独立的排烟风机直接进行排烟;集中排烟方式是将建筑物划为若干区,在每个区内设置排烟风机,通过排烟风道排出烟气。局部排烟方式投资大,而

图 6-23 机械排烟系统的组成

且排烟风机分散,维修管理麻烦,所以很少采用。采用时,一般与通风换气要求相结合,即平时可兼作通风排气使用。

(1)走道和房间的机械排烟。进行机械排烟设计时,需要根据建筑面积的大小,水平或垂直分为若干个区域系统。走道的机械排烟系统宜竖向布置,房间的机械排烟系统宜按防烟分区布置。

走道排烟是根据自然通风条件和走道长度来划分。面积较大、走道较长的走道排烟系统,可将几个防烟分区划为几个排烟系统,并将竖向风道布置在几处,以便缩短水平风道,提高排烟效率,如图 6-24 所示。

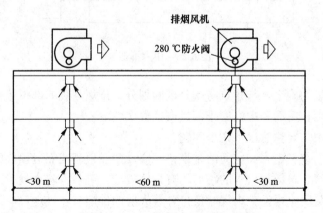

图 6-24 走道竖向排烟系统

当需要排烟的房间较多且竖向布置有困难时,可将几个房间组成一个排烟系统,每个房间设排烟口,即水平式与竖向相结合的排烟系统,如图 6-25 所示。

(2)中庭机械式排烟。中庭是指两层或两层以上的楼层相通且顶部是封闭的筒体空间。中庭与相连的所有楼层是相通的,一般设有采光窗。火灾发生时,通过中庭上部设置的排烟

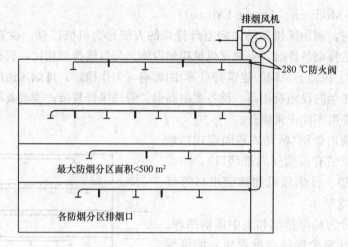

图 6-25 房间水平式排烟系统

风机,将中庭作为着火层的一个排烟道,使着火层保持负压,便可有效地控制烟气和火灾。

中庭的机械排烟口设置在中庭的顶棚上,或设置在紧靠中庭顶棚的集烟区,排烟口的最低标高应设置在中庭最高部分门洞的上端,如图 6-26 所示。

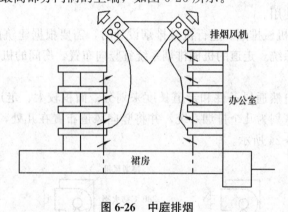

图 6-26 中庭排烟

排烟系统排烟量的确定,与建筑防烟分区的划分、排烟系统的部位等因素有关。可依据防火规范,确定走廊、房间和中庭的排烟量或换气次数。

机械排烟设计中需要注意以下几个问题:

①机械排烟的前室、走廊和房间的排烟口,应设置在顶棚或靠近顶棚的墙壁上。排烟口与可燃物、防烟分区、疏散出口等的距离均有具体规定,可参考防火规范。

②排烟口平时关闭,当发生火灾时仅打开着火层的排烟口,排烟口应设有手动、自动打开装置。

③排烟风机可采用普通钢制离心式通风机或专用排烟轴流风机,并应在风机入口总管及排烟支管上安装当烟气温度超过 280 ℃时能自动关闭的防火阀,排烟风机应保证在 280 ℃时能连续工作 30 min。

④机械排烟系统宜单独设置,在有条件时可与平时的通风排气系统合用。

⑤一个防烟分区内设有多个排烟口时,可采用耐高温的百叶风口,在该防烟分区的支管

上设常闭型防火阀。

⑥机械防排烟系统的风管、风口、阀门及通风机等，必须采用非燃材料制作。

⑦为防止排烟系统内的气流助燃，对机械防排烟系统的风道和风口，均有最大允许风速限制，具体可参阅防火规范。

⑧机械防排烟系统应定期检修和运行，以确保紧急情况下能及时起动。

四、防排烟系统附件

1. 防火、防排烟阀(口)

防火、防排烟阀(口)性能及分类见表6-4。

表6-4 防火、防排烟阀(口)性能及分类

类别	名称	性能及用途
防火类	防火阀	70 ℃温度熔断器自动关闭(防火)，可输出联动信号，用于通风空调系统风管内，防止火势沿风管蔓延
	防烟防火阀	靠烟感控制器控制动作，用电信号通过电磁铁关闭(防烟)，还可用70 ℃温度熔断器自动关闭(防火)，用于通风空调系统风管内，防止火势沿风管蔓延
防烟类	加压送风阀	靠烟感器控制，开启电信号，也可以手动(或远距离缆绳)开启，可设280 ℃温度熔断器重新关闭装置，输出动作电信号，开启联动送风机。用于加压送风系统的风口，起感烟、防烟作用
排烟类	排烟阀	开启电信号或手动开启，输出开启电信号或联动排烟机开启，用于排烟系统风管上
	排烟防火阀	开启电信号或手动开启，280 ℃温度熔断器重新关闭，输出动作电信号，用于排烟风机吸入口管道上
	排烟口	开启电信号，也可以手动(或远距离缆绳)开启，输出电信号联动排烟机，用于排烟房间的顶棚或墙壁上。可设280 ℃时重新关闭装置
	排烟窗	靠烟感控制器控制动作，开启电信号，还可用缆绳手动开启，用于自然排烟处的外墙上

2. 压差自动调节阀

压差自动调节阀由调节阀、压差传感器、调节执行机构等装置组成。其作用是对需要保持正压值的部位进行风量的自动调节，也可用于保持一定正压值和防止正压值超压而进行泄压。

3. 防排烟风机

防排烟风机是用于排烟、加压送风、排风、补风(包括送新风)的风机，可以采用普通钢制离心式通风机，或采用防火排烟专用通风机，如HTF型、PA型轴流式排烟风机、PW型排烟屋顶风机等。

(1)HTF型排烟风机。该种风机是用于高温排烟的专用风机，主要用于工业和民用建筑及人防工程的消防排烟。烟气温度小于150 ℃时可长时间运行，如果温度达到300 ℃可连续运行40 min。

(2)PA 型轴流式排烟风机。该种排烟风机结构上考虑了热胀的影响,电动机装于机壳之外,能在 280 ℃高温下连续运转 30 min;作为管道排烟风机时,可设置在机房或技术夹层内,也可安装在外墙外侧直接排烟。

(3)PW 型排烟屋顶风机。该种屋顶排烟风机的电动机在外,筒内噪声较低,适用于屋顶直接排出 100 ℃以上的高温、高湿烟气,280 ℃时能连续运行 30 min。

思考题

1. 何谓建筑通风?
2. 公共建筑通风与工业通风的任务有何不同?
3. 工业有害物有哪些?哪些工业常产生有害物?
4. 通风系统如何分类?有哪些组成?
5. 通风系统常用的设备有哪些?
6. 什么是风量平衡和热平衡?
7. 在建筑中常采用哪些防火分区方式?
8. 何谓建筑防排烟?
9. 建筑防排烟的方式有哪些?

第七章

建筑空调工程

第一节 空调系统概述

一、概念

空气调节(Air Conditioning,简称空调)的意义在于"使空气达到所要求的状态"或"使空气处于正常状态"。据此,一个内部受控的空气环境,一般是指在某一特定空间(或房间)内,对空气温度(Temperature)、湿度(Humidity)、流动速度(Velocity)及清洁度(Cleanliness)进行人工调节,以满足人们工作生活和工艺生产过程的要求。现代技术发展有时还要求对空气的压力、成分、气味及噪声等进行调节与控制。由此可见,采用技术手段创造并满足一定要求的空气环境,乃是空气调节的任务。

二、基本工作流程

如图 7-1 所示,空调系统工作流程:室外引入的新风(Outdoor Air)与室内回风(Return Air)混合,经过空气处理设备处理之后,由风机加压送风(Supply Air),送入空调房间,进入空调房间后调节室内的空气以达到设计要求,循环之后的回风再与新风混合,如此往复运行。

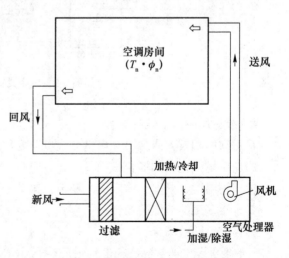

图 7-1 空调系统工作流程图

第二节 空调系统的分类与组成

一、空调系统的分类

(一)按空气处理设备的设置情况分类

1. 集中式空调系统(Centralized Air-conditioning System)

如图 7-2 所示,集中式空调系统是将空气处理设备(包括冷却器、加热器、过滤器、加湿器和风机等)设置在空调机房内,集中进行空气处理、输送分配。该系统可以严格地控制室内空气参数,可以进行理想的气流分布,并能对室外空气进行过滤处理。集中式空调系统空气处理量大,冷热源集中,便于运行管理,机房、风道占据较多空间,造价高。

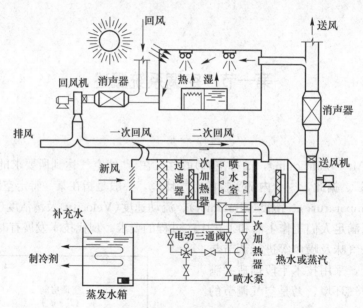

图 7-2 集中式空调系统

该系统适用于以下几种场合:
(1)房间面积较大或多层、多室热湿负荷变化情况类似的场合;
(2)新风量变化大的场合;
(3)室内温度、湿度、洁净度、噪声、振动等要求严格的场合;
(4)全年多工况节能的场合;
(5)高大空间的场合。

2. 半集中式空调系统(Semi-centralized Air Conditioning System)

半集中式空调系统是集中处理部分或全部风量,空调房间内有空气处理设备对空气进行补充处理。半集中式空调系统可以根据各空调房间的负荷情况自行调节,空调机房只处理新风,机房规模小;当末端装置和新风机组联合使用时,新风风道小,节省空间;相对于集中式空调系统造价低，但需要单独设置供末端设备使用的冷水/热水系统。

该系统适用于以下几种场合：

(1)室内温度、湿度控制要求一般的场合；

(2)各房间可单独进行调节的场所；

(3)房间面积大且风管不易布置；

(4)要求各室空气不串通的场合。

图7-3所示为半集中式空调系统中最典型的系统形式——风机盘管空调系统。该系统主要由风机盘管(FCU)、新风机组、送风机、送风管道和送风口组成。

诱导器系统是另一种形式的半集中式空调系统。

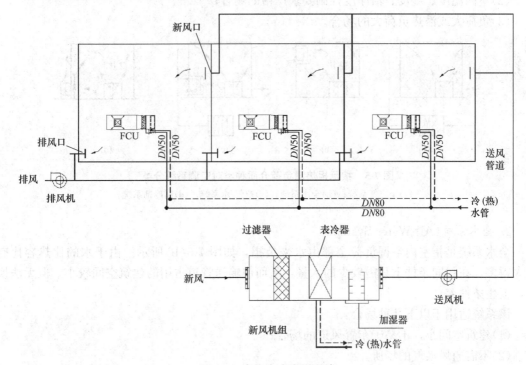

图7-3 半集中式空调系统

3. 分散式空调系统(Distributed Air Conditioning Systems)

分散式空调系统又称为局部空调系统，最常见的就是家用空调机，如图7-4所示。分散式空调系统是将空气处理、输送设备及冷热源集中在一个箱体内对房间进行空气调节的系统。该系统将空气处理、冷热源和空气输送合为一体；可分散灵活布置，各取所需(温湿度、供冷/供热)；但运行能耗大，与集中式比较能效比较低；且室外机影响建筑美观。

该系统适用于以下几种场合：

(1)空调房间布置分散的场合；

(2)要求灵活控制空调使用时间的场合；

(3)无法设置集中式冷、热源的场合。

图7-4 柜式家用空调机

(二)按承担热湿负荷的介质分类

1. 全空气系统(All Air System)

全空气系统是指室内空调负荷全部由处理过的空气负担的空气调节系统。如图 7-5(a)所示,在室内热负荷为正值的场合,将低于室内空气焓值的空气送入房间,吸收余热、余湿后排出房间。由于空气的比热容小,用于吸收室内余热的空气量很大,因而这种直通的风管截面大,占用建筑空间较多。

该系统适用于以下几种场合:

(1)建筑空间大,易于布置风道的场合;

(2)室内温度、湿度、洁净度控制要求严格的场合;

(3)负荷大或潜热负荷大的场合。

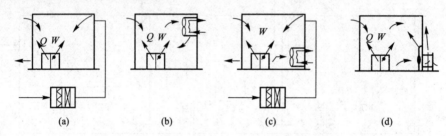

图 7-5　按承担热湿负荷介质种类对空调系统分类
(a)全空气系统;(b)全水系统;(c)空气-水系统;(d)制冷剂系统

2. 全水系统(All Water System)

全水系统是指室内空调负荷全部由水来负担,如图 7-5(b)所示。由于水的比热容比空气大得多,在相同条件下只需较少的水量,从而使输送管道占用的建筑空间较小。但无法换气,卫生条件差。

该系统适用于以下几种场合:

(1)建筑空间小,不易于布置风道的场合;

(2)不需通风换气的场所。

3. 空气-水系统(Air-Water System)

空气-水系统是指室内空调负荷由空气和水共同负担,如图 7-5(c)所示。这种系统的优点是既有效地解决了全空气系统占用建筑空间大的矛盾,又对空调房间进行通风换气,改善了空调房间的卫生条件。

该系统适用于以下几种场合:

(1)室内温度、湿度控制要求一般的场合;

(2)层高较低的场合;

(3)冷负荷较小,湿负荷也较小的场合。

4. 制冷剂系统(Refrigerant System)

制冷剂系统是指空调房间负荷由制冷剂直接负担的空调系统,如图 7-5(d)所示。这种系统的优点在于冷热源利用率高,占用建筑空间少,布置灵活,可根据不同的要求自由选择制冷和供热。

该系统适用于以下几种场合:

(1)空调房间布置分散的场合;
(2)要求灵活控制空调使用时间的场合;
(3)无法设置集中式冷、热源的场合。

(三)按被处理空气的流向分类

1. 封闭式系统

封闭式空调系统所处理的空气为室内再循环的空气,无新风,房间和空气处理设备之间形成了一个封闭环路,如图 7-6(a)所示。这种系统冷、热消耗量少,但卫生效果差。当室内有人停留时,必须考虑换气。

该系统适用于无人或很少有人进入的场所。

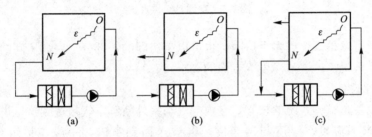

图 7-6 按被处理空气流向对空调系统分类
(a)封闭式系统;(b)直流式系统;(c)混合式系统

2. 直流式系统

直流式系统处理的空气全部为室外的新风,不使用回风,如图 7-6(b)所示。为了回收排出空气的热量和冷量对室外新风进行预处理,可在系统中设置热回收装置。

该系统适用于不允许采用回风的场合,如散发有害物的空调房间。

3. 混合式系统

封闭式系统不能满足卫生要求,直流式系统在经济上不合理。因而,两者在使用时均有很大的局限性。对于大多数场合,往往需要综合这两者的利弊,采用混合一部分回风的系统,如图 7-6(c)所示,这种系统既能满足卫生要求,又经济合理,故应用最广。

(四)其他分类方法

(1)根据系统的风量固定与否,可分为定风量空调系统和变风量空调系统。
(2)根据每个房间的送风管的数目,可分为单风管空调系统和双风管空调系统。
(3)根据系统用途,可分为工艺性空调系统和舒适性空调系统。
(4)根据系统要求的精度,可分为一般性空调系统和恒温恒湿空调系统。
(5)根据系统运行时间,可分为全年性空调系统和季节性空调系统。

二、空调系统的组成

空气调节系统一般应包括冷热源、冷热媒输送系统、空气处理设备、空气输配系统、空调房间等,如图 7-7 所示。

1. 空调房间

空调房间(Conditioned Space)是被空气调节的空间和房间。它们可以是封闭式的,也可

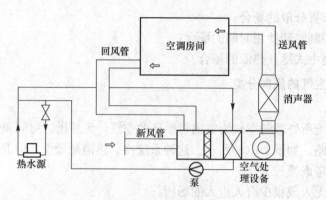

图 7-7　空调系统原理图

以是敞开式的；可以是一个或多个房间，也可以是房间的一部分。空调房间的空气参数应满足温度、湿度、气流流速、洁净度等方面的要求。

2. 空气处理设备

空气处理设备是空调系统的核心，室内空气与室外新鲜空气被送到这里进行热湿交换与净化，达到要求的温度、湿度与洁净度，再被送回到室内。一般包括组合式空调机组（Modular Air Handling Unit）和风机盘管（Fan Coil Unit）等。

3. 冷媒/热媒输送系统

冷媒/热媒输送系统主要是指输送冷/热媒时所需的管道、水泵、阀门及附件等。水或水蒸气是常用的冷/热媒，主要来自冷热源。

4. 空气输配系统

空气输配系统一般包括空气输送部分和空气分布部分。空气输送部分是由送风机、排风机、送风管道、风量调节装置等组成。它把经过处理的空气输送到空调房间，将室内空气输送到空气处理设备或排至室外；空气分布部分主要包括送风口、排风口等，其作用是合理地组织室内气流，保证空调房间内空气状态分布均匀。

5. 冷热源

冷热源是指空气处理设备的冷源（Heat Sink）和热源（Heat Source）。空调系统使用的冷源，有天然冷源和人工冷源，夏季降温用冷源一般由制冷机（人工冷源）承担，在有条件的地方，也可以用深井水作为自然冷源；而制热或冬季加热用热源可以是蒸汽锅炉、热水锅炉、热泵或电。

第三节　空气处理设备

一、表面冷却器

表面冷却器简称表冷器，其功能是减湿降温。图 7-8 所示为表冷器实物图。表冷器用冷水或冷盐水和乙二醇溶液或蒸发的制冷剂做冷媒。

表冷器表面温度低于空气露点温度，空气流过时结露，析出水分。为了接纳并排走凝结水，表冷器下部应设滴水盘和排水管。

表冷器在空调系统中被广泛使用，其结构简单、运行可靠、操作方便，但必须提供冷冻水源，且不能对空气进行加湿处理。

二、加热器

在空调系统中，为了满足房间对温度和湿度的要求，送入空调房间的空气需要加热，实现空气加热的主要设备是表面式空气加热器和电加热器。前者用于集中式空调系统的空气处理室和半集中式空调系统的末端装置中；后者主要用于各空调房间的送风支管上作为精密设备及用于空调机组中。

图 7-8　表冷器

表面式空气加热器是以热水或蒸汽作为热媒通过金属表面传热的一种换热设备，可以实现空气的等湿加热过程。热水(蒸汽)加热采用空气外绕热水(蒸汽)管；电加热采用空气外绕电热管，其可分为光管式和肋片管式两大类。

加热器一般由管束、联箱和护板组成。图 7-9 所示是用于集中空气加热的一种表面式空气加热器。

加热管外表面加"肋"，以增加换热面积。

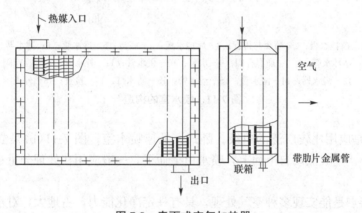

图 7-9　表面式空气加热器

三、空气过滤器

空气过滤器(图 7-10)是指空气过滤装置，一般用于洁净车间、洁净厂房、试验室及洁净室，或者用于电子机械通信设备等的防尘。其有初效过滤器、中效过滤器、高效过滤器及亚高效过滤器等型号。各种型号有不同的标准和使用效能。

在气动技术中，空气过滤器、减压阀和油雾器称为气动三大件。为得到多种功能往往将这三种气源处理元件按顺序组装在一起，称为气动三联件。用于气源净化过滤、减压和提供润滑。

图 7-10　空气过滤器

建筑设备工程概论

三大件的安装顺序按进气方向依次为空气过滤器、减压阀、油雾器。三大件是多数气动系统中不可缺少的气源装置，安装在用气设备近处，是压缩空气质量的最后保证，其设计和安装除确保三大件自身质量外，还要考虑节省空间、操作安装方便、可任意组合等因素。

四、加湿器

当冬季空气中含湿量降低时，应对房间进行加湿。某些特定车间，湿度需要满足生产工艺的要求，也要对车间进行加湿。加湿的方法有喷水室喷水加湿、喷蒸汽加湿和水蒸气加湿等。这里对最常见的喷水室加湿进行介绍，喷水室的构造如图 7-11 所示。

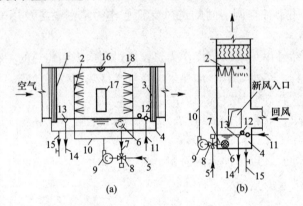

1—前挡水板；2—喷嘴与排管；3—后挡水板；4—底池；5—冷水管；6—滤水器；
7—循环水管；8—三通混合阀；9—水泵；10—供水管；11—补水管；12—浮球阀；
13—溢水器；14—溢水管；15—泄水管；16—防水灯；17—检查；18—外壳

图 7-11 喷水室的构造

图 7-11(a)是应用比较广泛的单级、卧式、低速喷水室；图 7-11(b)是立式喷水室，特点是占地面积小，空气流动自下而上，喷水由上而下，一般应用在处理分量小或空调机房层高允许的场合。

喷水室的特点是能实现多种空气处理，具有一定净化能力，占地大，对水质要求高，消耗水，能耗大。

五、消声器

空调系统的主要噪声源是风机、水泵、制冷机、末端设备等。噪声通过风管传播，设备的振动和噪声也可能通过建筑结构传入室内。因此，当空调房间内要求比较安静时(噪声级比较低)，空调装置除应满足室内温度、湿度要求外，还应满足噪声的有关要求，达到这一要求的重要手段之一就是通风系统的消声和设备的防振。

消声器是由吸声材料按不同的消声原理设计成的构件，根据不同的消声原理可分为阻性型、共振型和抗振型。

图 7-12 所示为三种消声器的构造示意图，图 7-12(a)所示为阻性消声器，是由多孔松散材料制成，能够消除高频、中频噪声；图 7-12(b)所示为共振型消声器，其原理是形成共振腔，消除低频噪声；图 7-12(c)所示为抗振型消声器，利用管道截面突变的方法使传播的声波沿声源方向反射回去，进而消除低频噪声。

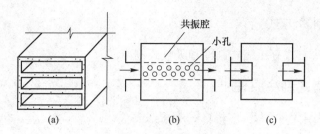

图 7-12　消声器的构造

六、减振器

空调系统的振动源为风机、水泵、压缩机等。常采用弹性构件将振源与基础隔开。

一个空调工程产生的噪声是多方面的，除风机出口装帆布接头，管路上装消声器以及风机、压缩机、水泵基础考虑防振外，有条件时对要求较高的工程，压缩机和水泵的进出管路处均应设有隔振软管。另外，为了防止振动由风道和水管等传递出去，在管道吊卡穿墙处均应作防振处理，图 7-13 中列举了有关这方面的措施，可供参考。

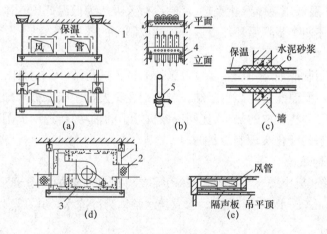

1—防振吊卡；2—软接头；3—吸声材料；4—防振支座；5—包裹弹性材料；6—玻璃纤维棉

图 7-13　各种消声防震的辅助措施
(a)风管吊卡的防振方法；(b)水管的防振支架；(c)风道穿墙隔振方法；
(d)悬挂风机的消声防振方法；(e)防止风道噪声从吊平顶向下扩散的隔声方法

第四节　空调系统的冷源

一、冷源

空调系统的冷源可分为天然冷源和人工冷源两种。天然冷源是指深井水、山涧水、温度较低的河水等，不耗能，但是控冷温度受到限制；人工冷源是利用机械消耗电能，任何低温均可实现；现如今广泛采用人工冷源。

二、空调用制冷方式

常用空调用制冷方式有压缩式制冷和吸收式制冷。

三、蒸汽压缩式制冷原理

压缩式制冷的"四大件"为压缩机(Compressor)、冷凝器(Condenser)、膨胀阀(Expansion Valve)、蒸发器(Evaporator)。

1. 制冷循环过程

制冷循环过程：压缩→放热→节流→吸热(图7-14)。

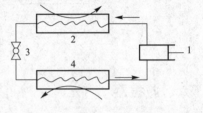

1—压缩机；2—冷凝器；3—膨胀阀；4—蒸发器

图7-14　蒸汽压缩式制冷原理图

(1)压缩机：低温低压气体压缩(消耗功率)为高温高压气体。

(2)冷凝器：高温高压气体凝结放热(耗散于环境)为高温高压液体。

(3)膨胀阀：高温高压液体节流降压为低温低压气液混合物。

(4)蒸发器：低温低压液体汽化吸热(从制冷对象吸热为低温低压气体)。

制冷过程如上述四个步骤循环往复进行，达成制冷的效果。

2. 制冷循环的工质

目前工程中常用制冷剂(Refrigerant)为氨(NH_3)、氟利昂(R22、R134)。

制冷剂的特点：低温蒸发，高温凝结。制冷剂在蒸发器中吸取被冷却物体(或空间)的热量而蒸发，在冷凝器中将吸取的热量(连同压缩机给予的轴功)传递给周围环境而被凝结成液体，借助制冷剂状态的变化实现制冷目的。

3. 空调制冷用的载冷

较大的空调系统(集中式、半集中式系统)需要将机房制取的冷量远距离输送到各房间，而使用载冷剂(Secondary Refrigerant)。水或盐水常称为冷冻水，其在蒸发器内被冷却降温。

第五节　空调工程施工图识读

一、空调系统施工图内容

空调系统施工图包括以下内容：

(1)图纸目录。

(2)设计说明及图例。空调系统施工图常用图例见表7-1。

表7-1　空调系统施工图常用图例

序号	名称	图例	备注
1	空调冷热水供水管	——— LRG ———	
2	空调冷热水回水管	——— LRH ———	

续表

序号	名称	图例	备注
3	空调冷却供水管	——LQG——	
4	空调冷却回水管	——LRH——	
5	补给及膨胀水管	——b——	
6	水管向上翻		
7	水管向下翻		
8	下出口三通		
9	上出口三通		
10	水泵（系统图）		
11	橡胶软接管		
12	手动排气阀		
13	自动排气阀		
14	Y形过滤器		
15	电动蝶阀		
16	电动两通阀		
17	止回阀		
18	截止阀，通用阀		
19	闸阀		
20	蝶阀		
21	平衡阀		
22	减压阀		
23	浮球阀		
24	安全阀		
25	压力表		
26	温度计		
27	大小头		
28	金属连接		
29	丝堵		
30	倒流防止器		
31	水表		

续表

序号	名称	图例	备注
32	自动式压差平衡阀		
33	能量表		
34	温感探头		

(3)空调平面图。

(4)空调系统图。

(5)剖面图。

二、空调施工图举例

空调施工图举例如图 7-15 所示。

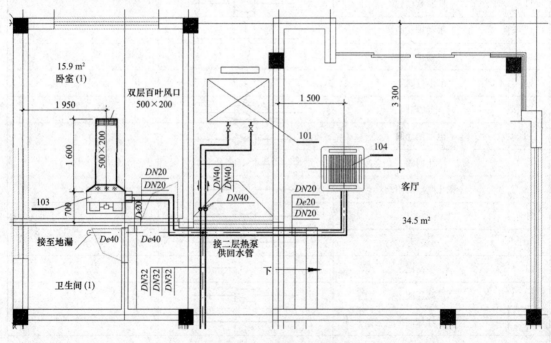

图 7-15 空调施工图举例

思考题

1. 何谓空调工程?
2. 空调系统如何分类?
3. 集中式、半集中式和分散式空调系统各有什么特点?
4. 空调系统主要由哪些部分组成?
5. 空气处理设备主要有哪些?
6. 简述压缩式制冷的工作原理。

第八章

建筑电气工程

第一节 建筑电气概述

一、建筑电气的含义及分类

1. 含义

建筑电气(Building Electricity)是指以电能、电气设备、电气系统为手段,利用电气理论及电气技术来创造、维持与改善限定空间和环境的一门学科。它是土木工程与电气工程两大学科之间的交叉及综合学科。

2. 分类

按照建筑电气系统的功能、设计与施工的习惯,可分为强电和弱电两部分。

(1)以供配电与照明系统为主的强电部分。主要包括供配电系统、照明系统、防雷接地系统、自动控制系统主回路。

(2)以通信与自动控制系统为主的弱电部分。主要包括电话、广播、有线电视、消防系统、防盗系统、通信系统、办公自动化、公用设施自动控制系统、建筑物自动化。

随着建筑业、房地产业及其他基础设施建设的快速增长与社会发展的需求,建筑电气所涉及的领域已不再是单纯的建筑,它将建筑学、园林艺术学、光学、美学等学科综合,以人为本,倡导节能、环保,强调智能性、综合性、科学性、先进性,将新产品、新技术渗透到建筑电气领域,并演化出相应的工程设计门类,如供配电设计、建筑照明设计、建筑电气控制设计、建筑设备自动化设计、综合布线设计、消防设计等。

二、电力系统知识

(一)电源

在建筑工程中,从电能的应用性质来看,可分为直流电源和交流电源。

1. 直流电源

建筑物中的直流电源(Direct Current,DC)主要来源于整流装置和蓄电池。直流电源大都应用于发电厂和变电站中的电力操作电源即直流屏,以及消防设备的控制电源等。

2. 交流电源

建筑物中的交流电源(Alternating Current,AC)主要来自发电厂,将发电厂生产出来的交流电经升压变压器,再经输配电网传输到各个降压变压器,最终传递给电力用户进行供电应用。一般民用建筑中低压供电系统常用单相 AC220 V,三相 AC380 V;高压供电系统常用 10 kV。

直流电源和交流电源两者之间通过一定的设备就可以相互转化。例如,手机充电就是使用充电器,将交流电转化为直流电,给电池充电,这类充电器统称为整流设备;直流电源也可以转化为交流电,如计算机所用的 UPS(不间断电源),这类设备统称为逆变器。

(二)电力系统的组成及电压等级

1. 电力系统的组成

电力系统(Power System)是由发电厂、输配电网、变电站及电力用户组成的统一整体,如图 8-1 所示。

(1)发电厂:将其他形式的能源转化成电能的场所。常见发电能源有火能、水能、风能;新兴能源有太阳能、核能、潮汐能、波浪能、地热等。

(2)输配电网:是进行电能输送的通道。它主要可分为输电线路和配电线路,两者的划分界限是 110 kV。

(3)变电站:是进行电压变换、接收和分配电能的场所。按照变压器的性质和用途,又可分为升压变电站和降压变电站。

(4)电力用户:是消耗电能的场所。将从电力系统中汲取的电能转化为机械能、热能、光能等,如电动机、电炉、照明器等设备。

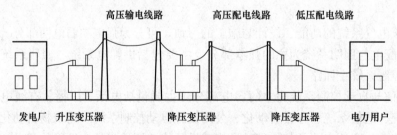

图 8-1 电力系统组成

2. 电压等级

我国电压等级(Voltage Class)分为四类。

第一类额定电压为 1 kV 及以下的电压,称为低压。建筑电气中常用的是 AC220 V(民用)和 AC380 V(动力),我国规定安全电压为 36 V、24 V、12 V 三种。其中,12 V 以下的电压又称为安全超低压。

第二类额定电压为 1 kV 以上、330 kV 以下的电压,称为高压。主要用于 10 kV 的高压电器设备。

第三类额定电压为 330 kV 以上、1 000 kV 以下的电压,称为超高压。常用于城市输配电网。

第四类额定电压为 1 000 kV 及以上的电压,称为特高压。常用于输变电工程中。

(三)供电质量与负荷等级

1. 供电质量

供配电系统的供电质量(Quality of Power Supply)主要由电能质量和供电可靠性两大指标来衡量。

(1)电能质量主要包括电压、频率和波形三项基本指标。

(2)供电可靠性是指供电企业对用户的供电连续性,一般衡量可靠性的高低有两种方法:一种是用供电企业的实际供电小时数与全年时间内实际总小时数的百分比来衡量;另一种是用全年的停电次数与停电持续时间来衡量。

2. 负荷等级

根据供电可靠性的要求及中断供电在政治、经济上造成的损失或影响的程度进行分级,可将电力负荷分为三级,并针对不同的负荷等级(Loading Rating)采取相应的供电措施,以确定其对供电电源的要求。

(1)一级负荷。符合下列情况之一时,应视为一级负荷:

①中断供电将造成重大人身伤亡。如大型医院急诊室、监护病房、手术室等。

②中断供电将造成重大政治影响。如省市级办公区。

③中断供电将造成重大经济影响。如大型银行营业厅的照明,大型博物馆、展览馆的防盗信号等。

④中断供电将影响重要用电单位的正常工作。如重要交通枢纽、通信枢纽、大型体育馆等。

⑤中断供电将造成公共场所秩序严重混乱。如大型电影院和商场。

在一级负荷中,中断供电将造成更重大影响的负荷称为一级负荷中特别重要的负荷。如大型国际比赛场馆、国家重点实验室等。

(2)二级负荷。符合下列情况之一时,应视为二级负荷:

①中断供电将造成较大人身伤亡。如中型医院急诊室、监护病房、手术室等。

②中断供电将造成较大政治影响。如县区级办公区。

③中断供电将造成较大经济影响。如中小型银行营业厅照明,中型生产企业。

④中断供电将影响重要用电单位的正常工作。如较为重要的交通枢纽、通信枢纽,中型体育馆等。

⑤中断供电将造成公共场所秩序严重混乱。如中型电影院和商场。

(3)三级负荷。不属于一级、二级负荷者为三级负荷。

3. 不同等级负荷对电源的要求

(1)一级负荷要求双重电源供电。它强调的是电源的独立性,所谓双重电源就是指一个负荷由两个电源进行供电,当一个电源发生故障时,另一个电源不应同时受到损坏,而且当一个电源中断供电时,另一个电源应能承担本用户的全部一级负荷设备的供电。

(2)一级负荷中特别重要的负荷要求除应双重电源供电外,还应增设应急电源(或称安全设施电源),其不能与电网电源并列运行,并严禁将其他负荷接入应急供电系统。

(3)二级负荷宜采用两回线路供电。它强调的是备用作用,在负荷较小或地区供电条件困难时，可架设一回 6 kV 及以上的专用架空线路进行供电。

(4)三级负荷对电源无特殊要求，一般只需单电源供电即可。

(四)供配电方式

供配电方式(Power Supply and Distribution Mode)是指电源与电力用户之间的接线方式，可分为以下几种(图 8-2)。

1. 放射式

放射式又称辐射式，其优点是供电电源的母线分别用单独回路向各个用电负荷供电，其供电可靠性高，控制灵活，易于实现集中控制；缺点是线路多，所用开关设备多，投资大，因此，这种接线多用于供电可靠性要求较高的设备。

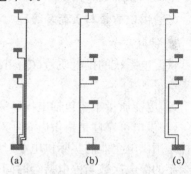

图 8-2　低压供配电网络结构
(a)放射式；(b)树干式；(c)混合式

2. 树干式

树干式又称为干线式，其优点是供电电源的母线引出一个回路的供电干线给多个用户进行供电，可节约输电线路投资，比较经济；缺点是干线故障时停电范围大，供电可靠性较低，仅适用于要求不高的一般用户或农村电网。

3. 环式

环式又称环网式，其特点是将同一电源送出的两条线路在末端用联络开关相连，形成环形网络向设备供电。供电可靠性较高，一般适用于中压系统，尤其是城市供配电网络中应用广泛。

4. 混合式

在民用建筑中从多种因素考虑，一般多采用将放射式与树干式相结合的方式进行供电，即混合式。常见混合式有单干线混合、交叉式单干线混合及双干线混合。

第二节　建筑供配电系统

建筑供配电系统(Power Supply and Distribution System of Building)是电力系统的一个重要组成部分。其包括电力系统中区域变电站和用户变电站，涉及电力系统电能发、输、配、用的后两个环节，其运行特点、要求和电力系统基本相同。

一、计算负荷

计算负荷(Calculation Load)也称需要负荷或最大负荷。计算负荷是一个假想的持续负荷，其热效应与同一时间内实际变动负荷所产生的最大热效应相等。

1. 设备容量

设备容量也称为安装容量，是计算范围内安装的所有用电设备的额定容量或额定功率(设备铭牌上的数据)之和(但应剔除不同时使用的负荷)，是配电系统设计和计算的基础资料与依据。

$$P_N = \sum_{i=1}^{n} P_i \tag{8-1}$$

式中　P_i——单台设备功率(kW)。

在设备容量的基础上,通过负荷计算可以求出接近实际使用的计算容量。

2. 需要系数

需要系数又称需用系数 K_d,是经验值,即设备的额定容量(功率)要打折作为负荷计算值,其值一般小于1。

3. 有功功率

有功功率又称平均功率,就是保持用电设备正常运行所需的电功率,也就是将电能转化为其他形式的能所需的电功率。

$$P_C = K_d \cdot P_N (\text{kW}) \tag{8-2}$$

4. 无功功率

无功功率是一种抽象概念,适用于电路内电场与磁场的交换并用来在设备中建立和维持磁场的电功率,它不对外做功,只转化为其他形式的能。

$$Q_C = P_C \cdot \tan\phi (\text{kvar}) \tag{8-3}$$

5. 视在功率

在具有电阻和电抗的电路内,电压与电流的乘积叫作视在功率,以字母 S_C 表示。

$$S_C = \sqrt{P_C^2 + Q_C^2} (\text{kV} \cdot \text{A}) \tag{8-4}$$

6. 计算电流

$$I_c = \frac{S_C}{\sqrt{3}U_r} (\text{A}) \tag{8-5}$$

其中,U_r 为线电压,取值 0.38 kV。

二、变配电站

变电站(Transformer Substation)是建筑供电系统的中心环节,是进行电压变换、接收和分配电能的场所。其由变压器(图8-3)、高低压配电装置(图8-4和图8-5)和附属设备组成。

图 8-3 常见变压器

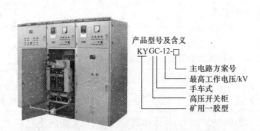

图 8-4 常见高压配电装置图

图 8-5 常见低压配电装置图

(一)常用高低压配电装置

1. 高压配电装置

在6~10 kV的民用建筑供电系统中,常用的高压一次侧电气设备有高压熔断器、高压隔离开关、高压负荷开关、高压断路器和高压开关柜等。

(1)高压熔断器:是常用的一种简单的保护电器。在6~10 kV高压线路中,户内广泛采用管式熔断器,户外则通常采用跌落式熔断器。

(2)高压断路器:又称高压开关,具有相当完善的灭弧装置和足够的断流能力,不仅可以切断或闭合高压电路中的空载电流和负荷电流,而且可以切断过负荷电流和短路电流。民用建筑中常用的是真空断路器和六氟化硫断路器。

(3)高压负荷开关:是一种功能介于高压断路器和高压隔离开关之间的电器,具有简单的灭弧装置,只能切除正常负荷。高压负荷开关常与高压熔断器串联配合使用,适用于控制电力变压器。

(4)高压隔离开关:是发电厂和变电站电气系统中重要的开关电器,需与高压断路器配套使用。其主要功能:保证高压电器及装置在检修工作时的安全,起隔离电压的作用,不能用于切断、投入负荷电流和开断短路电流,仅可用于不产生强大电弧的某些切换操作。

(5)高压开关柜:是一种柜式成套设备,作为电能接收、分配的通断和监视保护之用。高压开关柜可分为固定式和手车式两大类。

开关柜的进出线方式有以下几种:

①下进下出方式,需要在开关柜下做电缆沟或电缆夹层;

②上进上出方式,采用电缆桥架或封闭式母线架设;

③混合式出线,上进上出和下进下出根据需要混合使用。

2. 低压配电装置

常用的低压配电装置有低压隔离开关(刀闸开关)、低压负荷开关(又称开关熔断器组)、低压断路器(自动空气开关或自动空气断路器)、熔断器、互感器、接触器、低压配电柜(屏)、动力配电箱、照明配电箱等。低压开关类设备与高压一次设备的作用类似,只是用于低压系统,由于篇幅关系,在此不一一介绍。

(二)变配电所的类型

变电所的类型很多,从整体结构而言,可分为室内型、半室外型、室外型及成套变电站等。变电所的位置分类见表8-1。

表8-1 变电所的类型

类型			用途
室内变电所	独立变电所		一般用于供给分散的用电负荷
	附设式	内附式变电所	设于建筑物内与建筑物共用外墙
		外附式变电所	附设于建筑物外,与建筑物共用一面墙壁
	车间内变电所		位于车间内部的变电所,且变压器室内的门向车间内开
	地下变电所		设置于建筑物的地下室,以节省用地

续表

类型		用途	
室外变电所	露天式	半露天式变电所	变压器位于露天地面之上的变电所，但变压器上方有顶板或挑檐	变压器周围不小于0.8 m处设1.7 m固定围栏
		全露天式变电所	变压器位于露天地面之上的变电所	
	杆上变电所		变压器安装在一根或多根杆上，容量一般在315 kV·A及以下	
	高台式变电所		变压器安装在专门的台墩上，一般用于负荷分散的小城市居民区和工厂生活区等	
	组合式变电所		又称箱式变电所，可以使变配电系统统一化、经济效益化，适用于城市建筑、生活小区等	

(三)高压配电室

10~35 kV高压配电采用成套式的高压配电柜。布置时，应考虑便于设备的操作、搬运、检修和实验，从高、低压进出线引入点和长远发展需要，可预留1~2台空柜位以备扩展。

(1)高压柜一般可靠墙安装，当柜后有母线引出时需预留有不小于0.8 m的安装及维护通道，其各种通道最小净距不应小于表8-2的规定。

表8-2　10 kV高压配电室内各种通道最小宽度　　　　　　　　　　　mm

布置方式	通道分类	柜后维护通道	柜前操作通道	
			固定式	手车式
单列布置		800	1 500	单车长+1 200
双列面对面布置		800	2 000	双车长+900
双列背对背布置		1 000	1 500	单车长+1 200

当台数较少时采用单列布置；当台数较多时采用双列布置。

(2)长度大于7 m的配电装置室应设两个出口，并宜布置在配电室的两端。

当变配电所采用双层布置时，位于楼上的配电装置室应至少设一个通向室外的平台或通道的出口。

(3)架空进出线时，进出线套管至室外地面距离不低于4 m，进出线悬挂点对地距离一般不低于4.5 m。固定式高压开关柜净空高度一般为4.2~4.5 m，手车式高压开关柜净高可以减至3.5 m，局部有混凝土梁处时可略低。

(4)带可燃油的高压开关柜宜装设在单独的高压配电室内，当高压开关柜数量不超过5台时，也可以和低压配电柜放在同一房间内，当高压柜和低压柜为单列布置时，两者的净距不应小于2 m。

(5)变压器室、配电装置室、电容器室等应设置防止雨、雪和小动物进入屋内的设施。

(6)下进下出的高压开关柜应设电缆沟，其深度一般取0.6~1.2 m，高压柜在电缆沟上用钢槽支起。

(四)变压器室

(1)设置在一、二类高、低层主体建筑中的变压器,应选择干式、气体绝缘式或非可燃性液体绝缘的变压器。独立式变电所的变压器室内,可装设油浸式变压器。装设于居住小区变电所内的单台油浸式变压器的容量不得大于 630 kV·A,超过则需采用非燃型的电力变压器。

(2)低压为 0.4 kV 的变电所中单台变压器的容量不宜大于 1 000 kV·A,当用电容量较大、负荷集中且运行合理时,可选用较大容量的变压器。

(3)变压器室的设计。应按实装变压器的容量加大一级考虑,以备增容。

(4)变压器的布置方式。按变压器推进方向分为宽面推进式和窄面推进式。

(5)变压器室的地坪。按变压器的通风要求分为地坪抬高和不抬高两种形式。

(6)变压器室内不应有与其无关的管道和明敷线路通过。

(7)油量为 100 kg 及以上的三相油浸式变压器,应装设在单独的变压器室内,并应有灭火设施。

(8)变压器室的进出风口均需设置防雨百叶,下部进风百叶窗还需加钢丝网,以防止小动物进入。

(9)为使变压器在运行时有良好的散热条件,变压器室的大门不宜朝西,且宜采用自然通风,夏季的排风温度不宜高于 45 ℃,进风和排风的温差不宜大于 15 ℃。

(五)低压配电室

低压配电室一般采用成套的低压配电柜(屏)。布置时应便于设备的操作、搬运、检修、实验,并考虑低压出线引出地点和预留若干空柜位以备扩展。

(1)低压柜一般为离墙安装,柜(屏)后需留有不小于 1.0 m(有困难时,可为 0.8 m)的维护通道。表 8-3 为低压配电柜(屏)前后的通道宽度。

表 8-3　低压配电室内各种通道最小宽度　　　　　　　　　　　mm

形式	布置方式	柜前通道	柜后操作通道	柜后维护通道
固定式	单列布置	1 500	1 200	1 000
	双列面对面布置	2 000	1 200	1 000
	双列背对背布置	1 500	2 000	1 500
抽屉式	单列布置	1 800	1 200	1 000
	双列面对面布置	2 300	1 200	1 000
	双列背对背布置	2 000	1 000	1 000

注:当建筑物墙面有柱类局部凸出时,凸出处通道宽度可减少 0.2 m。

(2)成排布置的低压开关柜,其长度超过 6 m 时,其柜后的通道应设 2 个出口,并宜布置在通道的两端;当两出口之间的距离超过 15 m 时,其间应增加出口。

(3)配电室长度超过 7 m 时,应设 2 个出口,并宜布置在配电室两端,当配电室为双层布置时,楼上配电室的出口应至少设一个通向该层走廊或室外的安全出口。配电室的门均应向外开启,但通向高压配电室的门应为双向开启门。

(4)配电室不宜设在建筑物地下室最底层。设在地下室最底层时,应采取防止水进入配电室内的措施。

(5)下进下出的低压配电柜(屏)下及柜(屏)后应设电缆沟,其深度一般为 0.4~1.0 m,低压柜在电缆沟上用角钢或槽钢支起,沿电缆沟每 800 mm 设置水平电缆支架。电缆沟盖板采用花纹钢板及角钢制成,以便于开启和防火。

(6)给水排水及热力管道均不得穿越配电室,配电室不得位于厨房、厕所等有水的房间的正下方。

(7)配电室内的电缆沟,应采取防水和排水措施。配电室的地面宜高出本层地面 50 mm 或设置防水门槛。

三、低压配电系统的分类及线路敷设

(一)低压配电系统的分类

低压配电系统的形式有带电导体系统形式和系统接地形式两种分类方式。

1. 带电导体系统形式

(1)带电导体(Charged Conductor)是指正常通过工作电流的相线和中性线。

注:PE 线不属于带电导体,所以系统中并不存在三相五线制的说法,标准说法为三相四线制加 PE 线。

(2)低压配电系统按带电导体系统的形式可分为三相四线制、三相三线制、两相三线制和单相两线制,如图 8-6 所示。

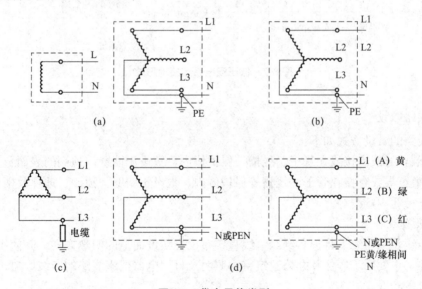

图 8-6 带电导体类型
(a)单相两线制;(b)两相三线制;(c)三相三线制;(d)三相四线制;

注:三相四线制电路中,中性线不允许断开,也不允许安装熔断器等短路或过电流保护装置。

2. 系统接地形式

配电系统的系统接地形式是指配电系统的保护线(PE 线)与系统中某一部分相连接的方式。按系统接地形式分类,低压配电系统可分为 TN 系统(TN-C,保护接地线 PE 与中性

线 N 合用；TN-C-S，PE 与 N 在局部合用；TN-S，PE 与 N 完全分开）；TT 系统，保护接地系统；IT 系统，中性点不接地系统，电气设备外壳直接接地，如图 8-7 所示。

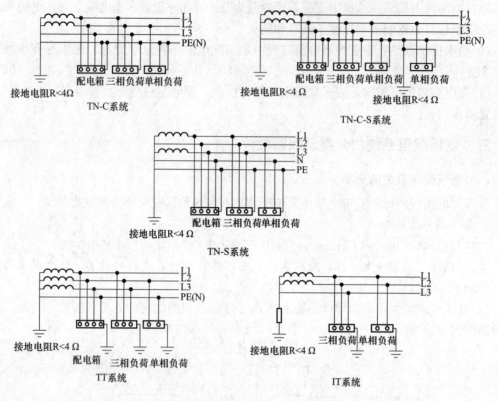

图 8-7　低压配电系统接地形式

(二)线路敷设

室内线路的敷设方式如下：

(1)明敷：导线直接或在管子、线槽等保护体内，敷设于墙壁、顶棚的表面及支架等处。

(2)暗敷：导线直接在管子、线槽等保护体内，敷设于墙壁、顶棚、地坪及楼板等内部，或在混凝土板孔内敷线等。

1. 直敷布线

直敷布线是采用线卡将护套绝缘电线直接布设在敷设面上的明敷方式，其使用场所目前已较为局限，主要用于居住及办公建筑室内照明及日用电器插座线路的布线，建筑物顶棚内严禁采用直敷布线。

2. 穿管敷设

导线或电缆常采用穿管(电线管、厚钢管、硬质或半硬质塑料管)敷设。

潮湿场所和直埋于地下的电线保护管，应采用厚壁钢管或防液型可挠金属电线保护管；干燥场所的电线保护管宜采用薄壁钢管或可挠金属电线保护管。在建筑物顶棚内，应采用金属管、金属线槽布线。硬质塑料管布线一般适用于室内场所和有酸碱腐蚀性介质的场所，但在易受机械损伤的场所不宜采用明敷设。半硬塑料管及混凝土板孔布线适用于正常环境一般室内场所，潮湿场所不应采用。

3. 线槽布线及槽板布线

线槽布线可分为塑料线槽布线和金属线槽布线两种。

塑料线槽必须经阻燃处理，外壁应有间距不大于1 m的连续阻燃标记和制造厂标，金属线槽应经防腐处理和可靠接地或接零，但不应作为设备的接地导体。塑料线槽布线一般适用于正常环境的室内场所，在高温和易受机械损伤的场所不宜采用；金属线槽布线一般适用于正常环境的室内场所明敷，但对金属线槽有严重腐蚀的场所不应采用。具有槽盖的封闭式金属线槽，可在建筑顶棚内敷设。

4. 桥架布线

电缆桥架布线适用于电缆数量较多或较集中的场所。在室内采用电缆桥架布线时，其电缆不应有黄麻或其他易延燃材料外护层。在有腐蚀或特别潮湿的场所采用电缆桥架布线时，应根据腐蚀介质的不同采取相应的防护措施，并宜选用塑料护套电缆。桥架可分为封闭桥架和开启桥架两种。开启式桥架便于散热，封闭式桥架有利于防尘。图8-8所示为电缆桥架布线图。

图 8-8　电缆桥架布线图

5. 封闭式母线布线

封闭式母线布线适用于大电流回路、干燥和无腐蚀性气体的室内场所。封闭式母线水平敷设时，至地面的距离不应小于2.20 m。垂直敷设时，距离地面1.80 m以下部分应采取防止机械损伤措施，但敷设在电气专用房间内（如配电室、电机室、电气竖井、技术层等）时除外。图8-9所示为封闭式母线布线图。

6. 电气竖井布线

竖井布线常用于高层建筑内强电及弱电垂直干线的敷设。竖井内可采用金属管、金属线槽、电缆、电缆桥架及封闭式母线等布线方式。竖井的位置和数量应根据建筑物规模、用电负荷性质、供电半径、建筑物的沉降缝设置和防火分区等因素确定。图8-10所示为电气竖井布线图。

图 8-9　封闭式母线布线图

7. 电缆沟布线

受厂地制约不能架空敷设，或者生产文明环境要求及布线需求，可使用电缆沟。电缆沟应采取防水措施，底部还应做不小于0.5%的纵向排水坡度，并设集水井。图8-11所示为电缆沟布置图。

图 8-10　电气竖井布线图

图 8-11　电缆沟布置图

第三节 电气照明系统

随着人们生活水平的提高和电气技术的迅速发展,电气照明系统(Electrical Lighting System)已超越了单纯照明的概念,逐步上升到文化和艺术的境界,并且与光学、美学、建筑学和园林艺术融为一体,成为一门综合性的设计工艺。

一、照明技术的基本概念

1. 光效
(1)定义:是电光源的发光效率[η];是指光源输出的光通量与其消耗的电功率之比。
(2)公式:$\eta=\Phi/P$。
(3)单位:lm/W。

2. 色温
(1)定义:光源发出的光与黑体(能吸收全部光源的物体)加热到与某一温度所发出光的颜色相同(对气体放电光源为相似)时,称该温度为光源的颜色温度,简称色温。
(2)单位:开(K)。
【注】光源中含有短波蓝紫光多,色温就高;含有长波红橙色光多,色温就低。
(3)色温分类:
①冷色(相关色温大于 5 300 K);
②暖色(相关色温小于 3 300 K);
③中间色(相关色温 3 300～5 300 K)。

3. 色表
色表是光源的表现颜色;在照明应用中,常用相关色温定量描述光源的色表。

4. 显色性和显色指数(Ra)
显色性和显色指数是显色性能的定量指标。
(1)显色性就是指不同光谱的光源分别照射在同一颜色的物体上时,所呈现出不同颜色的特性。
(2)通常用显色指数来表示光源的显色性,光源的显色指数越高,其显色性能越好(图 8-12)。

很差		一般		优良	
0		50		80	10

图 8-12 显色指数

二、照明方式与种类

(1)照明装置按照其分布特点,可分为以下四种照明方式(Illumination Mode):
①一般照明:为照亮整个场所而设置的均匀照明。
适应场所:一般照明的照明器在被照空间均匀布置,适用于除旅馆客房外的对光照方向无特殊要求的场所。

②分区一般照明：对某一特定区域，如进行工作的地点，设计成不同的照度来照亮该一区域的一般照明。

③局部照明：特定视觉工作用的、为照亮某个局部而设置的照明。局限于工作部位的固定的或移动的照明，是为了提高房间内某一工作地点的照度而装设的照明系统。

④混合照明：一般照明与局部照明组成的照明。对于工作位置需要较高照度并对照射方向有特殊要求的场所，宜采用混合照明。

注：在坑、洞、井内作业、夜间施工或厂房、道路、仓库、办公室、食堂、宿舍、料具堆放场及自然采光差等场所，应设一般照明、局部照明或混合照明。在一个工作场所内，不得只设局部照明。停电后，操作人员需及时撤离的施工现场，必须装设自备电源的应急照明。

(2)应按下列要求确定照明方式：

①工作场所应采用一般照明；

②同一场所内的不同区域有不同照度要求时，应采用分区一般照明；

③对于作用面照度要求较高，只采用一般照明不合理的场所，宜采用混合照明；

④在一个工作场所内不应只采用局部照明。

(3)照明种类可分为正常照明、应急照明、值班照明、警卫照明和障碍照明。其中，应急照明包括备用照明、安全照明和疏散照明。其适用原则应符合下列规定：

①当正常照明因故障熄灭后，对需要确保正常工作或活动继续进行的场所，应装设备用照明；

②当正常照明因故障熄灭后，对需要确保处于危险之中的人员安全的场所，应装设安全照明；

③当正常照明因故障熄灭后，对需要确保人员安全疏散的出口和通道，应装设疏散照明；

④需要夜间值守或巡视的场所应设置值班照明；

⑤警卫照明应根据需要，在警卫范围内装设；

⑥在危及航行安全的建筑物、构筑物上，应根据航行要求设置障碍照明。

三、电光源

照明电光源一般可分为热辐射光源、气体放电灯和其他电光源三大类。在绿色照明工程中，可根据具体情况选择各种光源。

(1)热辐射光源：是一种非相干的光源，是发光物体在热平衡状态下，使热能转变为光能的光源，如白炽灯、卤钨灯等。一切炽热的光源都属于热辐射光源，包括太阳、黑体辐射等。其特点是产生连续的光谱。

(2)气体放电光源：是电流流经气体或金属蒸气，使之产生气体放电而发光的光源。其主要包括荧光灯、高强度气体放电灯(高、低压汞灯、钠灯)、金属卤化物灯等。

(3)其他电光源：主要包括高频无极灯和半导体灯(又称发光二极管或LED)等。

四、照明灯具

灯具的主要作用是固定和保护电光源，并使之与电源安全、可靠地连接，合理地分配光的输出，装饰和美化环境。照明器就是灯具与电光源的总称，有时也将照明器称为灯具，此时灯具即光源、控制器和装饰件三者的组合。常用照明灯具如图 8-13 所示。

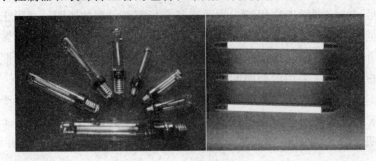

图 8-13　常用照明灯具

一般照明方式典型的布灯法包括均匀布置和选择布置；水平布置和竖向布置。

(1) 水平布置（图 8-14）。灯具与墙的间距取灯间距离的 1/2 倍，如果靠墙区域有工作桌或设备，灯距墙也可取 1/3~1/4 的灯间距。

(2) 竖向布置：光源至地面的垂直距离一般不低于 2.4 m，防止眩光。

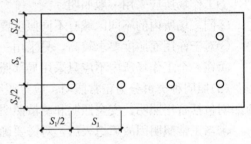

图 8-14　水平布置图

五、照度计算

照度计算（Illumination Calculation）有许多种方法，但常用的方法是利用系数法。

$$N = \frac{E_{av} A}{\varPhi U K} \tag{8-6}$$

式中　N——灯具数量（套）；

　　　$\varPhi$——光源的光通量（lm）；

　　　U——利用系数，指投射到工作面上的光通量与光源光通量之比；

　　　K——维护系数，办公室取 0.8，室外取 0.7，营业厅取 0.75；

　　　A——工作面面积（m²）；

　　　E_{av}——工作面上的平均照度（lx）。

第四节　建筑电气控制系统

一、常用控制电器

(一) 接触器 (Contactor)

接触器是用来接通或切断电动机或其他负载的主电路的一种控制电器。其具有低电压释放保护功能，接触器具有控制容量大、过载能力强、寿命长、设备简单经济等特点，是电力拖动自动控制线路中使用最广泛的电器元件。

(二)继电器(Relay)

继电器是根据某种输入信号的变化，接通或断开控制电路，实现自动控制和保护电力拖动装置的自动电器。

常用电磁类继电器有电压继电器、电流继电器、中间继电器、时间继电器。

常用非电磁类继电器有热继电器、速度继电器、干簧继电器、永磁感应继电器等。

(三)开关电器(Switch Apparatus)

开关是最普通、使用最早的电器。其作用是分合电路、开断电流。常用的有刀开关、隔离开关、负荷开关、转换开关(组合开关)、自动空气开关(空气断路器)等。

(四)熔断器(Fuse)

熔断器是一种简单而有效的保护电器。在电路中主要起短路保护作用。

熔断器主要由熔体和安装熔体的绝缘管(绝缘座)组成。使用时，熔体串接于被保护的电路中，当电路发生短路故障时，熔体被瞬时熔断而分断电路，起到保护作用。

(五)主令电器(Master Electrical Appliances)

在控制系统中，主令电器是一种专门发布命令、直接或通过电磁式电器间接作用于控制电路的电器，常用来控制电力拖动系统中电动机的启动、停车、调速及制动等。

常用的主令电器有控制按钮、行程开关、接近开关、万能转换开关、主令控制器及其他主令电器(如脚踏开关，倒顺开关，紧急开关，钮子开关等)。

常用控制电器构成图如图 8-15 所示。

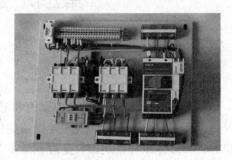

图 8-15　常用控制电器

二、控制电路

继电-接触器控制系统是由按钮、继电器、接触器、熔断器、行程开关等低压控制电器组成的电气控制电路。其可以对电力拖动系统的启动、正反转、调速、制动等动作进行控制和保护，以满足生产工艺对拖动控制的要求。如图 8-16 所示的正反转控制电路和图 8-17 所示的顺序联锁控制电路都是继电-接触器控制的典型控制电路图。

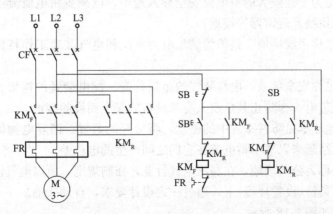

图 8-16　正反转控制电路图

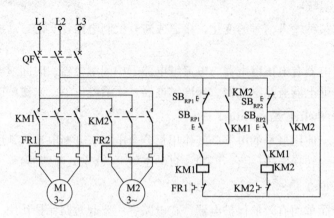

图 8-17　顺序联锁控制电路图

第五节　建筑接地与防雷系统

一、接地

1. 接地装置

接地(Grounding)是指电力系统和电气装置的中性点、电气设备的外露导电部分和装置外导电部分经由导体与大地相连。接地依靠接地装置来实现。接地装置是接地体和接地线的总称。接地体也称接地极，是埋在地下与土壤紧密接触的导体。

接地线是系统或设备与接地体连接并处在地面上的金属导体。其也可以由自然部件承担，如连接良好的建筑物柱筋等可作为连接接闪器和接地体的自然接地线，也可以是人工接地安装的接地线。

2. 接地种类

接地按其作用一般可分为功能性接地、保护性接地、功能性和保护性合一的接地。常见接地包括防雷接地、工作接地、保护接地、等电位接地等。

(1) 防雷接地是为了让强大的雷电流安全导入地中，以减少雷电流流过时引起的电位升高，如避雷针、避雷线及避雷器等接地。

(2) 工作接地也称系统接地，是指为满足电力系统和电气装置工作特性的需要而设置的接地。

(3) 保护接地也称安全接地，电气装置的金属外壳、配电装置的构架和线路杆塔等，由于绝缘损坏有可能带电，为防止其危及人身和设备的安全而设的接地。

(4) 等电位接地原本是防雷系统中的概念：将分开的装置、诸导电物体用等电位联结导体或电涌保护器联结起来以减小雷电流在它们之间产生的电位差。

这前三者又合称为公共接地，在高压电气行业，强制规定，所以电气设备必需接地；等电位接地是在特殊条件(设置环境)下，通过一定设计要求，自动接地。

常见接地示意如图 8-18 所示。

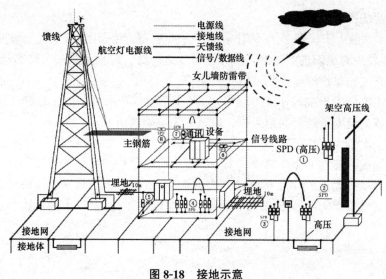

图 8-18 接地示意

二、防雷

1. 民用建筑物的防雷分类

根据《建筑物防雷设计规范》(GB 50057—2010)的规定,建筑物根据其重要性、使用性质、发生雷电事故的可能性和后果,将防雷(Lighting Protection)要求分为以下三类:

(1)在可能发生对地闪击的地区,遇下列情况之一时,应划为第一类防雷建筑物:

①凡制造、使用或贮存火炸药及其制品的危险建筑物,因电火花而引起爆炸、爆轰,会造成巨大破坏和人身伤亡者。

②具有 0 区或 20 区爆炸危险场所的建筑物。

③具有 1 区或 21 区爆炸危险场所的建筑物,因电火花而引起爆炸,会造成巨大破坏和人身伤亡者。

(2)在可能发生对地闪击的地区,遇下列情况之一时,应划为第二类防雷建筑物:

①国家级重点文物保护的建筑物。

②国家级的会堂、办公建筑物、大型展览和博览建筑物、大型火车站和飞机场、国宾馆、国家级档案馆、大型城市的重要给水泵房等特别重要的建筑物。

注: 飞机场不含停放飞机的露天场所和跑道。

③国家级计算中心、国际通信枢纽等对国民经济有重要意义的建筑物。

④国家特级和甲级大型体育馆。

⑤制造、使用或贮存火炸药及其制品的危险建筑物,且电火花不易引起爆炸或不致造成巨大破坏和人身伤亡者。

⑥具有 1 区或 21 区爆炸危险场所的建筑物,且电火花不易引起爆炸或不致造成巨大破坏和人身伤亡者。

⑦具有 2 区或 22 区爆炸危险场所的建筑物。

⑧有爆炸危险的露天钢质封闭气罐。

⑨预计雷击次数大于 0.05 次/a 的部、省级办公建筑物和其他重要或人员密集的公共建

筑物及火灾危险场所。

⑩预计雷击次数大于 0.25 次/a 的住宅、办公楼等一般性民用建筑物或一般性工业建筑物。

(3)在可能发生对地闪击的地区，遇下列情况之一时，应划为第三类防雷建筑物：

①省级重点文物保护的建筑物及省级档案馆。

②预计雷击次数大于或等于 0.01 次/a，且小于或等于 0.05 次/a 的部、省级办公建筑物和其他重要或人员密集的公共建筑物，以及火灾危险场所。

③预计雷击次数大于或等于 0.05 次/a，且小于或等于 0.25 次/a 的住宅、办公楼等一般性民用建筑物或一般性工业建筑物。

④在平均雷暴日大于 15 d/a 的地区，高度在 15 m 及以上的烟囱、水塔等孤立的高耸建筑物；在平均雷暴日小于或等于 15 d/a 的地区，高度在 20 m 及以上的烟囱、水塔等孤立的高耸建筑物。

2. 建筑物的防雷措施

(1)基本规定。

1)各类防雷建筑物应设防直击雷的外部防雷装置，并应采取防闪电电涌侵入的措施。第一类防雷建筑物和第二类防雷建筑物中的⑤～⑦款规定，还应采取防闪电感应的措施。

2)各类防雷建筑物应设内部防雷装置，并应符合下列规定：

①在建筑物的地下室或地面层处，以下物体应与防雷装置做防雷等电位联结：

a. 建筑物金属体。

b. 金属装置。

c. 建筑物内系统。

d. 进出建筑物的金属管线。

②除本条 a. 款的措施外，外部防雷装置与建筑物金属体、金属装置、建筑物内系统之间，还应满足间隔距离的要求。

3)第二类防雷建筑物还应采取防雷击电磁脉冲的措施。其他各类防雷建筑物，当其建筑物内系统所接设备的重要性高，以及所处雷击磁场环境和加于设备的闪电电涌无法满足要求时，也应采取防雷击电磁脉冲的措施。

(2)防直击雷的措施。迄今为止，防直击雷都是采用避雷针、避雷带、避雷网、避雷线作为接闪器，把雷电流接收下来，然后通过良好的接地装置迅速而安全地把它送回大地。避雷针如图 8-19 所示。

①接闪器宜采用避雷带(网)、避雷针或由其混合组成，所有避雷针应采用避雷带或等效的环形导体相互连接。

②避雷带应装设在屋角、屋脊、女儿墙及屋檐等建筑物易受雷击部位，并应在整个屋面上装设不大于 20 m×20 m 或 24 m×16 m 的网格。

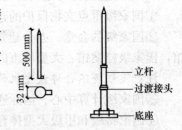

图 8-19 防直击雷装置

③对于平屋面的建筑物，当其宽度不大于 20 m 时，可仅沿周边敷设一圈避雷带。

④引出屋面的金属物体可不装接闪器，但应与屋面防雷装置相连。

⑤在屋面接闪器保护范围以外的非金属物体应装设接闪器，并应与屋面防雷装置相连。

(3)防侧击雷和等电位措施。

①建筑物内钢构架和钢筋混凝土的钢筋应互相连接；
②应利用钢柱或钢筋混凝土柱子内钢筋作为防雷装置引下线；
③应将 30 m 及以上部分外墙上的栏杆、金属门窗等较大金属物直接或通过金属门窗埋铁与防雷装置相连；
④垂直金属管道及类似金属物除应满足一般规定外，还应在底部与防雷装置连接。

第六节　建筑消防供配电与控制系统

消防是预防和扑救火灾的总称。其基本方针就是"以防为主，防消结合"。在科技高速发展的今天，消防已经成为专门的学科伴随着智能化体系的出现融入了现代建筑中。

一、消防系统的组成

消防系统(Fire Protection System)主要由两部分构成，一部分是火灾自动报警系统(或称感应机构)，即感知和中枢系统，犹如人的五官和大脑，主要发现火灾并发出相应命令；另一部分是消防联动系统(灭火自动控制系统和避难诱导系统)，它犹如人的四肢，执行大脑所发出的命令。

火灾自动报警系统由火灾探测器、手动报警按钮、火灾报警控制器、声/光警报器、火灾显示盘、图形显示装置等部分或全部设备构成基本组成，如图 8-20 所示；在较大的系统中还包括控制消防设备的联动装置(控制装置)，由消防联动控制器、模块(远程控制器)、消防电气控制装置、消防电动装置等消防设备组成。常见的消防联动系统有消火栓系统、自动喷水系统、气体灭火系统、防排烟系统、防火卷帘门系统、消防通信系统、指挥疏散系统等。

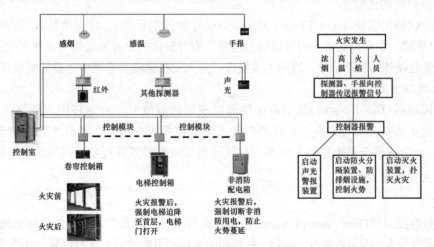

图 8-20　火灾自动报警系统的组成

二、火灾自动报警系统

(一)火灾探测器

火灾探测器(Fire Detector)是消防火灾自动报警系统中，对现场进行探查，发现火灾的设备。火灾探测器是系统的"感觉器官",它的作用是监视环境中有没有火灾的发生。一旦有了火情,就将火灾的特征物理量,如温度、烟雾、气体和辐射光强等转换成电信号,并立即动作向火灾报警控制器发送报警信号。

火灾探测器按结构造型可分为线型火灾探测器和点型火灾探测器;按火灾参数可分为感烟探测器(常见离子型、光电型)、感温探测器(定温式、差温式、差定温式)、感光探测器(又称火焰探测器)、复合式探测器(感温感光探测器、感烟感光探测器等)、可燃气体探测器等。

(二)火灾报警系统附件

1. 手动报警按钮

手动报警按钮(Manual Alarm Button)是火灾报警系统中的一个设备类型,安装在公共场所,当人工确认火灾发生后按下按钮上的有机玻璃片,可向控制器发出火灾报警信号,控制器接收到报警信号后,显示出报警按钮的编号或位置并发出报警音响。手动报警按钮可分为带电话插孔与不带电话插孔两种。

2. 消火栓报警按钮

消火栓报警按钮(Fire Hydrant Button)(简称消报)作为火灾时启动消防水泵的设备在消防系统控制中起重要的作用,其表面装有一按片,当发生火灾启用消火栓时,可直接按下按片,此时消火栓按钮的红色启动指示灯亮,黄色警示物弹出,表明已向消防控制室发出了报警信息,火灾报警控制器(俗称报警主机)在确认了消防水泵已启动运行后,就向消火栓按钮发出命令信号点亮绿色回答指示灯。

3. 现场模块

(1)输入模块(Input Module)(也称监视模块)。接收现场装置的报警信号,实现信号向火灾报警控制器的传输。

(2)输入/输出模块(Input/Output Module)(也称为控制模块)。常有单输入/输出模块和双输入/输出模块。在有控制要求时可以输出信号,或者提供一个开关量信号,使被控设备动作,同时可以接收设备的反馈信号,以向主机报告,是火灾报警联动系统中重要的组成部分。

4. 总线隔离器

总线隔离器(Bus Isolator)是当系统局部出现短路故障时,自动将出现断路故障部分从系统中隔离出去的元器件。在二总线制电气火灾监控系统中,若系统分支总线出现故障(如短路)时,会造成整个系统整体的瘫痪。总线隔离模块的设置就可使上述问题得到解决。

(三)火灾报警控制器

1. 定义

火灾报警控制器(Fire Alarm Controller)是火灾自动报警系统的心脏,是消防系统的指挥中心,控制器可为火灾探测器供电,接收、处理和传递探测点的故障及火警信号,并能发出声、光报警信号,同时,显示及记录火灾发生的部位和时间,并能向联动控制器发出联动通知信号。

2. 功能

(1)用来接收火灾信号并启动火灾报警装置。该设备也可用来指示着火部位和记录有关信息。

(2)能通过火警发送装置启动火灾报警信号或通过自动消防灭火控制装置启动自动灭火设备和消防联动控制设备。

(3)自动监视系统的正确运行和对特定故障给出声、光报警。

三、消防供配电系统

(一)消防电源

所谓消防电源(Fire Power)是指在工业、民用、各类综合建筑中,向消防系统各种设备(包括防排烟风机、正压风机、消火栓泵、喷淋泵、防火卷帘门、大型水炮、消防电梯等)、消防自动报警系统、消防控制系统、消防应急照明系统供给的独立电源。

(二)消防负荷等级与供电方式

根据建筑物的结构、使用性质、火灾危险性、疏散和扑救难度、事故后果等,参照电力负荷分级要求确定,将消防负荷划分为三级。

(1)一级消防负荷:应由双重电源供电。

(2)二级消防负荷:地区供电条件允许且投资不高时,宜由两个电源供电;在负荷较小或地区供电条件困难时,由双路专用架空线供电。

(3)三级消防负荷:单回路供电,宜设两台变压器,采用暗备用或一用一备方式。

(三)消防应急电源

所谓消防应急电源(Fire Emergency Power)是指建筑处于火灾应急状态时,为确保安全疏散和火灾扑救工作的顺利进行,承担向消防应急用电设备供电的独立电源。

1. 应急电源种类

应急电源一般可分为城市电网电源、自备柴油发电机组和蓄电池三种类型。对供电时间要求特别严格的地方,还可以采用不停电电源(UPS)作为应急电源。

2. 与主电源的关系

应急电源与主电源之间应有一定的电气连锁关系。当主电源运行时,应急电源不允许工作;一旦主电源失电,应急电源必须立即在规定时间内投入运行。

第七节　建筑电气工程施工图的识读

一、识图步骤与要点

(一)照明与供配电工程

(1)查看设计说明图,了解工程概况,熟悉设计意图和重点;

(2)查看供配电系统图,熟悉主要设备及变配电系统结构;

(3)查看各级配电箱柜系统、照明配电箱系统;

(4)按楼层顺序看施工平面图,熟悉线路安装路径、方式以及设备安装场所,了解材料、设备型号规格、敷设方式;

(5)前后对照系统图、平面图、设备、线路等看图,研究施工作业的内容。

(二)消防系统

(1)查看设计说明图,了解工程概况,熟悉设计意图和要点;

(2)查看消防平面图,确定消防控制室与各级配电箱位置,掌握消防布线原则;

(3)对照消防系统图,进一步熟悉消防设置的整体框架。

(三)动力系统

(1)查看设计说明图,了解工程概况,熟悉设计意图和要点;

(2)阅读动力系统图,熟悉进线回路编号、电压等级、进线方式、导线、电缆、穿管及元器件的选择等;

(3)阅读动力平面图,掌握设备基础、电动机、控制柜箱、管路、线槽、电缆沟、接地母线等的选择与安装原则。

二、实例设计与分析

1. 照明配电系统

照明配电系统由馈电线、干线和支线等组成,如图 8-21 所示。

2. 配电箱

配电箱可分为动力配电箱和照明配电箱(图 8-22 和图 8-23)。其是配电系统的末级设备。配电箱是按电气接线要求将开关设备、测量仪表、保护电器和辅助设备组装在封闭或半封闭金属柜中或屏幅上,构成低压配电装置。正常运行时可借助手动或自动开关接通或分断电路,故障或不正常运行时借助保护电器切断电路或报警。

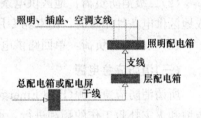

图 8-21 照明配电系统图

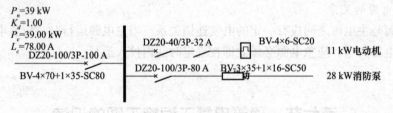

图 8-22 动力配电箱接线图

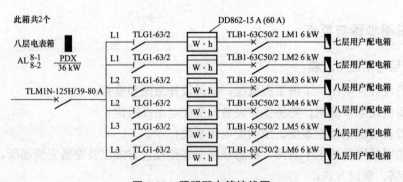

图 8-23 照明配电箱接线图

3. 实例设计图

实例设计图如图 8-24~图 8-26 所示。

第八章 建筑电气工程

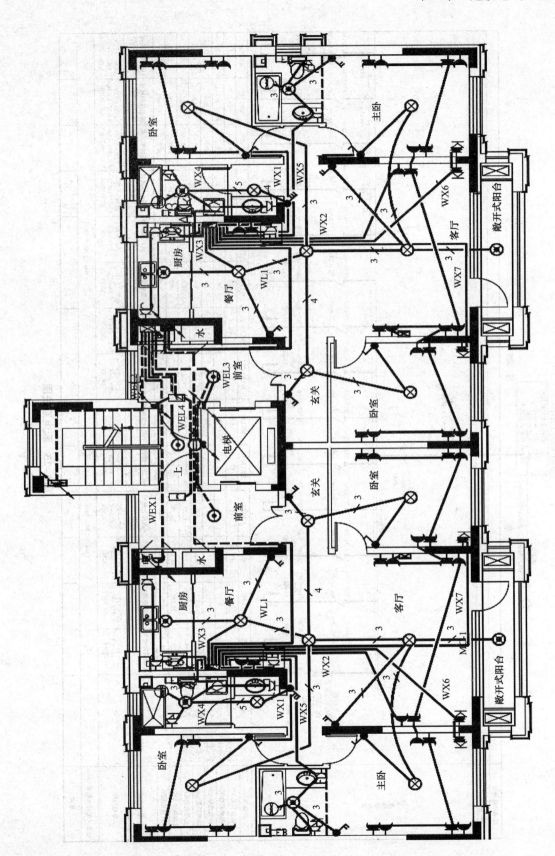

图 8-24 某单元照明平面图

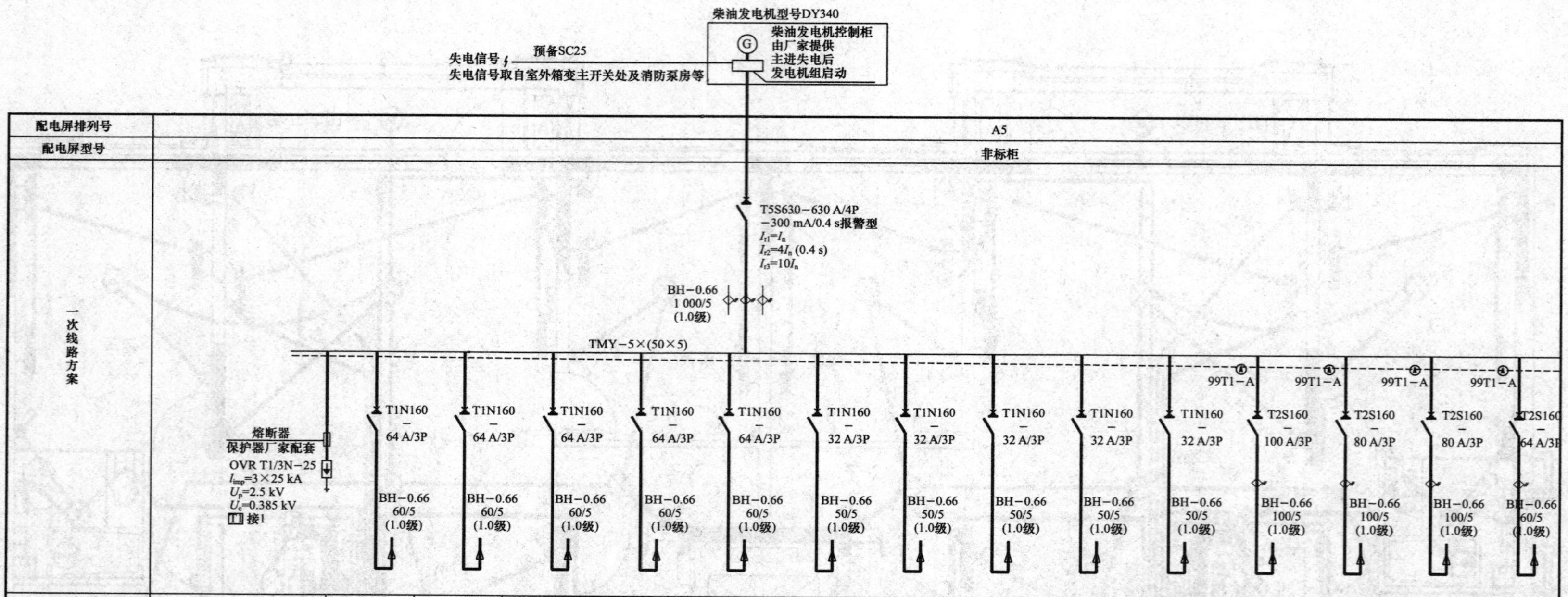

回路编号		ZWLM1	ZWLM2	ZWLM3	ZWLM4	ZWLM5	WLEM1′	WLEM2′	WLEM3′	WLEM4′	WLEM5′	WPEM2′	WPEM2′	WPEM3′	WPEM4′
设备容量/kW	平时消防 $P_e=340$ kW $K_c=0.8$ $P_{js}=272$ $Q_{js}=204$ Kvar $S_{js}=340$ kVA $I_{js}=516.6$ A 战时 $P_e=112.2$ kW $K_c=0.9$ $P_{js}=100.9$ kW $Q_{js}=75.73$ kvar $S_{js}=126.2$ kVA $I_{js}=191.9$ A	17	17	17	17	17	3.0	4.2	4.2	4.2	3.0	44.5	26.7	24.7	12.7
需要系数/Kx		1	1	1	1	1	1	1	1	1	1	1	1	1	1
计算功率/kW		17	17	17	17	17	3.0	4.2	4.2	4.2	3.0	44.5	26.7	24.7	12.7
功率因数/cosφ		0.8	0.8	0.8	0.8	0.8	0.9	0.9	0.9	0.9	0.9	0.8	0.8	0.8	0.8
无功负荷/kvar		12.75	12.75	12.75	12.75	12.75	1.45	2.1	2.1	2.1	1.45	33.4	20.0	18.5	30.9
视在功率/kV·A		21.25	21.25	21.25	21.25	21.25	3.33	4.7	4.7	4.7	3.33	55.6	33.4	30.9	15.9
计算电流/A		32.2	32.2	32.2	32.2	32.2	5.06	7.14	7.14	7.14	5.06	84.5	50.7	46.9	24.1
配出部位		平战结合照明 AL1	平战结合照明 AL2	平战结合照明 AL3	平战结合照明 AL4	平战结合照明 AL5	平战应急照明 ALE1	平战应急照明 ALE2	平战应急照明 ALE3	平战应急照明 ALE4	平战应急照明 ALE5	防烟排烟风机 ATPF1 ATSF1	防烟排烟风机 ATPF2 ATSF2	防烟排烟风机 ATPF3 ATSF3	防烟排烟风机 ATPF4 ATSF4
导线规格		ZC−YJV−5×16−CT (SC50)	ZC−YJV−5×16−CT (SC50)	ZC−YJV−5×16−CT (SC50)	ZC−YJV−5×16−CT (SC50)	ZC−YJV−5×16−CT (SC50)	ZCN−YJV−5×6−CT (SC40)	ZCN−YJV−5×6−CT (SC40)	ZCN−YJV−5×6−CT (SC40)	ZCN−YJV−5×6−CT (SC40)	ZCN−YJV−5×6−CT (SC40)	ZCN−YJV−4×35+1×25−CT (SC70)	ZCN−YJV−4×25+1×16−CT (SC50)	ZCN−YJV−4×25+1×16−CT (SC50)	ZCN−YJV−5×16−CT (SC50)
柜宽×柜高×柜深 (mm)		1 000×2 200×800										1 000×2 200×800			
备注															

图8−25　配电系统图

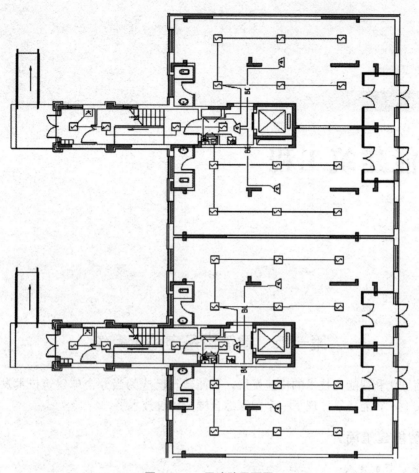

图 8-26 一层消防平面图

思考题

1. 简述建筑电气的含义与分类。
2. 简述负荷等级的分类及对电源的要求。
3. 简述低压配电系统的分类及各自的特点。
4. 常用控制电器有哪些？主要功能是什么？
5. 建筑接地系统按其作用一般包括哪些？
6. 建筑物为何应做接地？常见有哪些接地种类？
7. 建筑防雷可分为哪几类？防雷措施有哪些？
8. 简述火灾探测器的分类。
9. 简述消防负荷的等级与供电方式。
10. 在照明设计中配电箱的回路一般是怎么划分的？

第九章

智能建筑工程

第一节 建筑设备自动化系统

随着信息化和智能化技术的快速发展，智能建筑已成为当今全球建筑技术发展的主流。在一定意义上，智能建筑体现了一个国家综合国力和科技水平。

一、智能建筑简介

1. 智能建筑的定义

智能建筑（Intelligent Building，IB）：是以建筑为平台，兼备建筑设备、办公自动化及通信网络系统，集结构、系统、服务、管理及它们之间的最优化组合，向人们提供一个安全、高效、舒适、便利的环境。智能建筑是现代建筑技术、通信技术、计算机技术和控制技术等多学科现代科学技术相结合的产物。

2. 智能建筑的组成

智能建筑系统的组成按其基本功能可分为三大块，即楼宇自动化系统（Building Automation System，BAS）、办公自动化系统（Office Automation System，OAS）和通信自动化系统（Communication Automation System，CAS），即"3A"系统。智能建筑就是由这三大基本要素有机结合，构筑于建筑物环境平台之上的，若要实施 3A 系统，需借助 PDS（Premises Distribution System，结构化综合布线系统）。PDS 是 BAS、OAS 和 CAS 的有机整合，以一体化集成的方式实现对信息、资源和管理服务的共享，如图 9-1 所示。

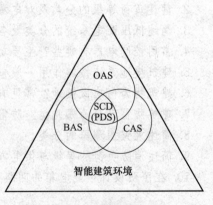

图 9-1 智能建筑集成

注：综合布线系统的英文也写为 Generic Cabling System，缩写 GCS。但 GCS 更偏重于弱电布线。

综上可知，智能建筑并不是由带有单一的智能特征的系统产品构成的，而是建立在基本子系统软/硬件体系兼容的基础之上，子系统首先实现各自的内部集成，然后通过传输网络、接口和协议，由系统集成中心（System Integrated Center，SIC）实现系统的总体集成。SIC 是"大脑"，PDS 是"血管和神经"，BAS、OAS、CAS 所属的各子系统是运行实体的功能模块。

目前，还提出了消防自动化系统（Fire Automation System，FAS）和保安自动化系统（Security Automation System，SAS），形成了"5A"系统。后来又提出信息管理自动化系统（Management Automation Syetem，MAS），称为"6A"智能建筑。但按国际惯例，BAS 又包含 FAS 和 SAS，MAS 又置于 CAS 中，所以一般 IB 由"3A"系统、SIC 和 PDS 构成，如图 9-2 所示。

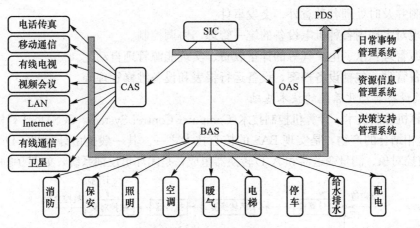

图 9-2　智能建筑的基本构成

(1)建筑设备自动化系统：将建筑物或建筑群内的电力、照明、空调、电梯、给水排水以集中监视、控制和管理为目的，构成的综合系统。

(2)办公自动化系统：是服务于具体办公业务的人际交互信息系统。办公自动化系统由多功能电话机、高性能传真、各类终端、PC、文字处理机、主计算机、声像存储装置等各种办公设备、信息传输与网络设备和相应配套系统软件、工具软件、应用软件等组成。

(3)通信自动化系统：主要包括通信系统、计算机网络、接入系统三大部分，是以数字程控交换机和网络中央集控器为核心，通过网络布线将相关的设备和介质组成一体化的系统，并连接无线通信系统、卫星通信系统、有线广播系统、电视会议系统、Internet 系统、多媒体通信等。

(4)系统集成中心：应具有各个智能化系统信息汇集和各类信息综合管理的功能。

(5)综合布线系统：以双绞线和光缆为传输介质，是智能系统集成的基本传输网络，同时，也是网络系统最基本的传输介质。

二、建筑设备自动化系统

楼宇自动化系统也称建筑设备自动化系统，是智能建筑不可缺少的一部分，其任务是对建筑物内的能源使用、环境、交通及安全设施进行监测、控制等,以提供一个既安全可靠,又节约能源,而且舒适宜人的工作或居住环境。

1. 建筑设备自动化系统的范围

狭义 BAS 即建筑设备监控系统,其监控范围主要包括电力、照明、暖通空调、给水排水、电梯、车库管理等设备;广义 BAS 的监控范围是在狭义 BAS 的基础上增加火灾自动报警系统和安全防范系统。

2. 建筑设备自动化系统的功能

建筑设备自动化系统的基本功能可以归纳如下:

(1)自动监视并控制各种机电设备的启、停,显示或打印当前运转状态。

(2)自动检测、显示、打印各种机电设备的运行参数及其变化趋势或历史数据。

(3)根据外界条件、环境因素、负载变化情况自动调节各种设备,使之始终运行于最佳状态。

(4)监测并及时处理各种意外、突发事件。

(5)实现对大楼内各种机电设备的统一管理、协调控制。

(6)能源管理:水、电、气等的计量收费、实现能源管理自动化。

(7)设备管理:包括设备档案、设备运行报表和设备维修管理等。

3. 建筑设备自动化系统的技术基础

(1)计算机控制技术。计算机控制技术(Computer Control System,CCS)是计算机技术和自动控制技术相结合的产物,是实现 BAS 的核心技术之一。其一般是由计算机、D/A 转换器、执行器、被控对象、测量变送器和 A/D 转换器组成,是闭环负反馈系统,如图 9-3 所示。

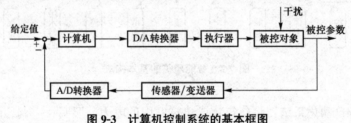

图 9-3 计算机控制系统的基本框图

为了完成实时监控任务,计算机控制系统包括软件和硬件两部分。

计算机控制系统的分类方法很多,按照功能与结构分类,计算机控制系统可分为操作指导系统、直接数字控制系统、监督控制系统、集散控制系统、现场总线控制系统、网络控制系统等类型。

(2)计算机通信技术。计算机通信是一种以数据通信形式出现,在计算机与计算机之间或计算机与终端设备之间进行信息传递的方式。它是现代计算机技术与通信技术相融合的产物,在军队指挥自动化系统、武器控制系统、信息处理系统、决策分析系统、情报检索系统,以及办公自动化系统等领域得到了广泛应用。

①计算机通信按照传输连接方式的不同,可分为直接式和间接式两种。

②按照通信覆盖地域的广度,计算机通信通常可分为局域式、城域式和广域式三类。

在通常情况下,计算机通信都是由多台计算机通过通信线路连接成计算机通信网进行的,这样可共享网络资源,充分发挥计算机系统的效能。

③根据数据信息在信道上的传输方向和时间的关系,数据通信(串行传输)可分为单工

(Sinplex)、半双工(Half Duplex)、全双工(Full Duplex)。

④计算机网络拓扑结构：是指网上计算机或设备与传输媒介形成的结点与线的物理构成模式。计算机网络的拓扑结构主要有总线型拓扑、星型拓扑、环型拓扑、树型拓扑和混合型拓扑。

第二节　建筑物信息设施系统

建筑物信息设施系统是智能建筑中最基本的系统。它涵盖的内容很广泛，本节主要介绍综合布线、路由器、无线网络等知识要点。

一、综合布线系统概述

综合布线系统(Premises Distribution System，PDS，简称综合布线)是用数据和通信电缆、光缆、各种软电缆及有关连接硬件构成的通用布线系统，是能支持语音、数据、影像和其他控制信息技术的标准应用系统。其是指按标准的、统一的和简单的结构化方式编制与布置建筑物(或建筑群)内各种系统的通信线路。其包括计算机网络系统、电话系统、电视系统、广播系统、监控系统、消防报警系统等。

综合布线系统采用模块化设计和物理分层星型拓扑结构，主要应用于传输数据、语音、图像、多媒体业务及各种控制信号。

1. 综合布线系统的特点

(1)兼容性：是指采用光缆或高质量的布线部件和连接硬件，能满足不同生产厂家终端设备传输信号的需要，它自身是完全独立的，能够同时接受、容纳、适用不用的或多种应用系统，与业务的应用终端相对无关。

(2)开放性：是指综合布线开放式的体系结构，各种品牌的产品都能在布线中适用。

(3)灵活性：传统的布线方式是封闭的，其体系结构是固定的，若要迁移或增加设备，则相当困难而麻烦，甚至是不可能的。综合布线采用符合标准的传输缆线和相关连接器件，进行模块化设计，组成的传输信道是通用的。所有设备的开通及更改均不需要改变布线设施。

(4)可靠性：综合布线采用高品质的器件组合构成一套高标准的完整的信息传输通道。应用系统布线全部采用点到点端接，任何一条链路发生故障均不影响其他链路的运行，从而保障了应用系统的可靠运行。

(5)先进性：是指采用了光纤与双绞线混合布线方式，极为合理地构成了一套完整的布线。而且所有的布线合乎世界最新通信标准，为各种信息的传输提供足够的宽带容量。

(6)经济性：是指综合布线使得整个的布线系统更加标准化、简单化，并且适应长时间的需求，在管理上更加方便，而且也极大程度地减少了因为线路故障而造成的经济损失。

2. 综合布线系统的基本要求

(1)应满足通信自动化与办公自动化的需要，即满足语音与数据网络的广泛要求。

(2)应采用简明、价廉与快速的结构，以将任何插座互连主网络。

(3)适应各种符合标准的品牌设备互连入网运行。

(4)电缆的敷设与管理应符合综合布线系统设计要求。

(5)在综合布线系统中，应提供多个互联点，即插座。
(6)应满足当前和将来网络的要求。

3. 综合布线系统的组成

综合布线系统组成结构如图9-4所示。

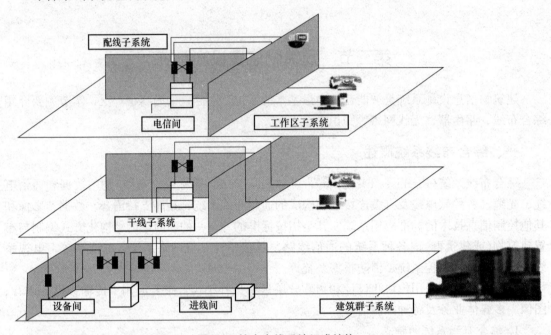

图9-4 综合布线系统组成结构

(1)工作区子系统(Work Area Subsystem)又称服务区子系统，是一个需要设置终端设备(TE)的独立区域。其由信息插座延伸到终端设备处的连接缆线及适配器组成。

(2)配线子系统由工作区的信息模块、信息模块至电信间配线设备(FD)的水平缆线，电信间的配线设备及设备缆线和跳线等组成。

(3)电信间是配线子系统和干线子系统的交接场地，主要安装有楼层配线设备FD和楼层计算机网络设备(交换机)等。

(4)干线子系统由设备间至电信间的干线电缆和光缆、安装在设备间的建筑物配线设备(BD)及设备缆线和跳线组成。

(5)建筑群子系统由网络中心机房连接到多个建筑物之间的主干电缆和光缆、建筑群配线设备(CD)及设备缆线和跳线组成。

(6)设备间是大楼的电话交换机设备和计算机网络设备及建筑物配线设备(BD)安装的地点，也是进行网络管理的场所。

(7)进线间是建筑物外部通信和信息管线的入口部位，并可作为入口设施和建筑群配线设备的安装场地。通常一个建筑物应设置一个进线间。

二、综合布线系统与智能建筑的关系及适用范围

1. 综合布线与智能建筑的关系

(1)综合布线系统是衡量智能化建筑的智能化程度的重要标志。在衡量建筑物是否为智

能化建筑时,并不会看它的外表有多么华丽,也不是看内部装修多气派,而是主要看综合布线系统配线能力,看技术功能是否完善,布线是否合理。

(2)综合布线系统为智能化系统增添血液与活力,是智能化建筑中必备的基础设施。在现代的楼宇建筑中,以人为本,以实现高度智能化为要求,顺应社会的发展诞生了综合布线系统,由于它自身的兼容性、可靠性、灵活性、管理科学性等特点,为智能化建筑提供了优质高效的服务。

(3)综合布线取代单一、昂贵、复杂的传统布线,是"信息时代"的要求,是历史发展的必然趋势。

综合布线系统具有很高的适应性和灵活性,能适应社会长期的发展需求。它自身的不断发展与拓展,是"信息时代"的要求,是历史发展的必然趋势,必将掀起智能化建筑的新风潮。

2. 综合布线系统的适用范围

由于现代化的智能建筑和建筑群体的不断涌现,综合布线系统的适用场合和服务对象逐渐增多,目前主要类型如下:

(1)商业贸易类型:如商务贸易中心与银行保险公司等金融机构、高级宾馆饭店、股票证券市场和高级商城大厦等高层建筑。

(2)综合办公类型:如政府机关、群众团体、公司总部等办公大厦,办公、贸易和商业兼有的综合业务楼与租赁大厦等。

(3)交通运输类型:如航空港、火车站、长途汽车客运枢纽站、江海港区(包括客货运站)、城市公共交通指挥中心、出租车调度中心、邮政通讯社、电信枢纽楼等公共服务建筑。

(4)新闻机构类型:如广播电台、电视台、新闻通讯社、书刊出版社及报社业务楼等。

(5)其他重要建筑类型:如医院、急救中心、气象中心、科研机构、高等院校和工业企业的高科技业务楼等。

另外,在军事基地和重要部门(如安全部门等)的建筑及高级住宅小区等也需要。

三、路由器

1. 路由器简介

当前任何一个具备规模的网络,无论是采用快速以太网、千兆位以太网还是万兆位以太网,都离不开路由器的参与。因此,在现代网络技术中,路由技术及具备路由功能的路由器是处于核心地位的技术和设备。

2. 路由器的定义

路由器是工作在 OSI 参考模型第三层——网络层的数据包转发设备(图9-5)。路由器通过转发数据包来实现网络互连。虽然路由器可以支持多种协议(如 TCP/IP、IPX/SPX、AppleTalk 等协议),但是在我国绝大多数

图 9-5 路由器外观

路由器运行 TCP/IP 协议。路由器通常连接两个或多个由 IP 子网或点到点协议标识的逻辑端口,至少拥有 1 个物理端口。路由器根据收到数据包中的网络层地址,以及路由器内部维

护的路由表决定输出端口与下一跳地址,并且重写链路层数据包头实现转发数据包。路由器通过动态维护路由表来反映当前的网络拓扑,并通过与网络上其他路由器交换路由和链路信息来维护路由表。

3. 路由器的分类

当前路由器分类方法各异,各种分类方法有一定的关联,但是并不完全一致。

(1) 从结构分,路由器可分为模块化结构与非模块化结构。通常,中高端路由器为模块化结构;低端路由器为非模块化结构。

(2) 从网络位置划分,路由器可分为核心路由器与接入路由器。核心路由器位于网络中心,通常使用高端路由器,要求快速的包交换能力与高速的网络接口,通常是模块化结构;接入路由器位于网络边缘,通常使用中低端路由器,要求相对低速的端口及较强的接入控制能力。

(3) 从功能划分,路由器可分为通用路由器与专用路由器。一般所说的路由器为通用路由器。专用路由器通常为实现某种特定功能对路由器接口、硬件等作专门优化,例如,接入路由器用作接入拨号用户,增强 PSTN 接口及信令能力;VPN 路由器增强隧道处理能力及硬件加密;宽带接入路由器强调宽带接口数量及种类。

(4) 从性能分,路由器可分为线速路由器及非线速路由器。通常线速路由器是高端路由器,能以媒体速率转发数据包;中低端路由器是非线速路由器,但是一些新的宽带接入路由器也有线速转发能力。在标准的制定中,路由器从能力上区分可分为高端路由器和低端路由器等类别,背板交换。

4. 路由器的功能

(1) 路由:收集网络拓扑信息并动态形成路由表。

(2) 转发:根据转发表(FIB)转发 IP 数据包。

(3) 子网间速率适配。

(4) 隔离子网。

(5) 隔离广播域。

(6) 指定访问规则。

(7) 不同类型的网络互联:路由器经常会收到以某种类型的数据链路帧封装的数据包,当转发这种数据包时,路由器可能需要将其封装为另一种类型的数据链路帧。数据链路封装取决于路由器接口的类型及其连接的介质类型。

5. 路由器的工作过程

路由器工作在 OSI 模型三层(网络层),收到数据包后根据 OSI 模型层将数据包拆开,到网络层后根据 IP 进行路由转发,根据接口协议层封装,实现异种网络的互联。

第一步:当数据包到达路由器,根据网络物理接口的类型,路由器调用相应的链路层功能模块,以解释处理此数据包的链路层协议报头。这一步处理比较简单,主要是对数据的完整性进行验证,如 CRC 校验、帧长度检查等。

第二步:在链路层完成对数据帧的完整性验证后,路由器开始处理此数据帧的 IP 层。这一过程是路由器功能的核心。根据数据帧中 IP 包头的目的 IP 地址,路由器在路由表中查找下一跳的 IP 地址;同时,IP 数据包头的 TTL(Time To Live)域开始减数,并重新计算和校验(Checksum),如图 9-6 所示。

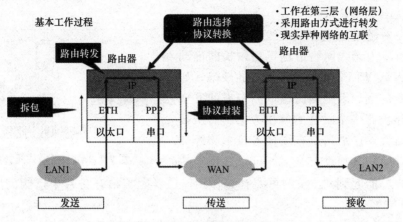

图 9-6　路由器的工作过程

四、无线网络

1. 无线网络的起源与发展

无线网络的历史可追溯到第二次世界大战期间，其占用频率资源可追溯到20世纪70年代夏威夷大学的 ALOHANET 研究项目，1997年 IEEE802.11（美国电气和电子工程师协会）标准的颁布、Wi-Fi 联盟互操作性保证的发展关键事件使得无线网络得到迅速发展。

2. 无线局域网

（1）IEEEWLAN 标准的发展始于20世纪80年代后期，即1985年 FCC 为非授权用户开放了3个 ISM 无线频段之后，而 WLAN 标准发展的重要里程碑却是1997年 IEEE802.11 标准的批准和发布。IEEE802.11 标准最初规定的数据速率是 1 Mbps 和 2 Mbps，随后几年对标准做了改进，改进版本在 IEEE802.11 后加字母后缀，如 IEEE802.11 a、b 和 g 等。

IEEE802.11 a、b 于1999年7月正式批准。IEEE802.11 b 提供的数据速率上升到 11 Mbps，成为第一个在 WiFi 标志下将产品推向市场的标准。2003年6月 IEEE802.11 g 规范正式批准，物理层速率提高到 54 Mbps，并提高了与 IEEE802.11 b 设备在 2.4 GHzISM 频段共用的能力。

（2）IEEE802.11 网络组成。IEEE802.11 网络组成主要分为站点、接入点和分布式系统三个部分。

在 IEEE802.11 标准中，WLAN 基于单元结构，每个单元被称为基本业务区（BSS），在一个接入点的控制下。当多个基站工作在同一个 BSS 时，表明这些基站使用相同的 RF 信道发送和接收、使用共用的 BSSID（BSS Identity）、同样的数据速率、同步于共用的定时器。这些 BSS 参数包含在信标帧中，定期由站点或接入点广播。IEEE 802.11 标准定义了 BSS 的两种工作模式，Ad-Hoc 模式和固定结构模式。Ad-Hoc 模式：当两个或两个以上的 IEEE802.11 站点不依靠接入点或有线网络而直接相互通信，则形成 Ad-Hoc 网络。这种工作模式也叫对等模式，允许一组具有无线功能的计算机之间迅速建立起无线连接用于数据共享。

在 Ad-Hoc 模式中的基本业务区称为独立基本业务区（Independent Basic Service Set，IBSS），在同一 IBSS 下所有的站点广播相同的信标帧，使用随机生成的 BSSID，如图 9-7 所示。

3. 未来无线网络技术

当今用户对随时随地可以无线上网的需求越来越大,这也成为无线网络市场迅猛增长的推动力,但不能否认 Wi-Fi 目前存有一定的缺陷,如漫游性、计费问题、因上网门槛低而带来的安全性等问题,还没有一个最优的解决方案。而从技术的另一层面看,它是高速有线接入技术和蜂窝移动通信技术的一个辅助与补充,可以在特定的范围与领域内,能起到对 3G 的重要补充作用,二者完美结合将带来广阔的服务与发展前景。

图 9-7　Ad-Hoc 模式拓扑结构

事实上以 Wi-Fi 技术为重要技术支撑的无线局域网络在不断普及,这也代表着大众所接触的 Wi-Fi 技术将会越来越便捷。一旦存于公众场合的 Wi-Fi 网络解决了运营商的漫游性、互联互通、高收费的问题,Wi-Fi 技术将能够更好实现从技术向商业的转变,同时在 Wi-Fi 技术的应用和发展中要认识到 Wi-Fi 技术虽然先进,但却不能替代和具有其他所有通信系统所具有的功能,所以说只有各类接入手段形成互补才能够带来更高的可靠性和经济性。在未来的社会生活中,信息化进程会越来越快,人们对于 Wi-Fi 技术的需求也会越来越大,Wi-Fi 技术必将有着巨大的应用价值和广泛的发展前景。Wi-Fi 技术在我国有着庞大的用户群,因此市场前景广阔,为人们生活提供更加快捷的服务。

第三节　建筑弱电工程施工图的识读

一、识图步骤与要点

(1)要阅读设计说明和施工说明,熟悉规范要求,掌握弱电系统的机房安装要求、供电电源的要求、管线敷设方式、防雷接地要求、具体安装方法、探测器、终端及控制报警系统安装要求,信号传输分贝要求、调整及实验要求等。

(2)要熟悉弱电系统中图例代表的含义,掌握线路的走向及所连接的系统。

(3)查看系统图,掌握每个系统的线路的引向。

(4)将系统图和平面图相结合来识图纸,明确系统图中的各个配电箱的通向。

二、实例

弱电说明图例见表 9-1,弱电平面图如图 9-8 所示,单元弱电系统图如图 9-9 所示。

表 9-1　弱电说明图例

序号	图例	名称	型号规格	备注
1	TD	信息插座	甲方自选	
2	TP	电话插座	甲方自选	

续表

序号	图例	名称	型号规格	备注
3	ML8	集线器	甲方自选	
4	LIU	光纤接收盘	甲方自选	
5	FD	楼层配线架	甲方自选	
6	BD	建筑物配线架	甲方自选	
7	↗	上引线		
8	↙	下引线		
9	⏚	接地线		
10	路由器	路由器	甲方自选	
11	核心交换机	核心交换机	甲方自选	
12	应用服务器	应用服务器	甲方自选	
13	MEW	网络交换机	甲方自选	
14	数据服务器	数据服务器	甲方自选	
15	网管工作站	网管工作站	甲方自选	
16	D	监控摄像头	甲方自选	

建筑设备工程概论

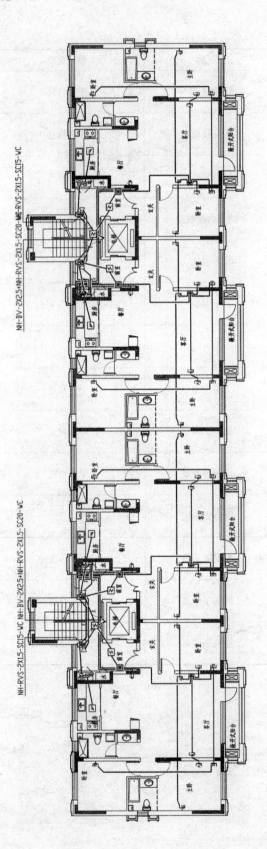

图9-8 弱电平面图

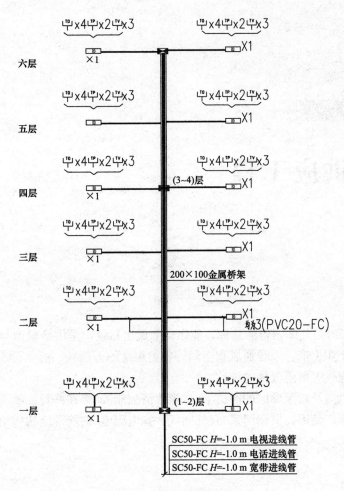

图 9-9 单元弱电系统图

思考题

1. 何谓智能建筑？
2. 简述智能建筑系统的基本构成。
3. 简述综合布线系统的组成。
4. 简述建筑弱电工程识图步骤与要点。

第十章

燃气供应工程

燃气(Fuel Gas)是气体燃料的总称，能燃烧而放出热量，是供给城市与乡镇用于居民生活、商业、工业企业生产、采暖通风和空调等各类用途的天然气、液化石油气、空气液化石油混合气、人工煤气等可燃气体的统称。

当前的市场风向及政策导向的前提下，"煤改清洁能源"势在必行。燃气是清洁能源，各地根据实际情况推广使用，贯彻国家"宜气则气、宜电则电"的能源结构供给侧结构改革和环境保护的方针。

第一节 燃气的种类、供应与储存

一、燃气的种类

城市民用燃气和工业用燃气是由几种气体组成的混合气体。其中含有可燃气体和不可燃气体。可燃气体有碳氢化合物、氢和一氧化碳；不可燃气体有二氧化碳、氮和氧等。

燃气的种类很多，主要有天然气、液化石油气、人工煤气和沼气。详细分类见表10-1。

1. 天然气(Natural Gas)

天然气是动植物遗体经过数万年物理及生化作用形成的含碳氢化合物的可燃气体。天然气主要是由低分子的碳氢化合物组成的混合物。

天然气一般可分为四种，即从气井开采出来的气田气或称纯天然气；伴随石油一起开采出来的石油气，也称石油伴生气；含石油轻质馏分的凝析气田气；从井下煤层抽出的煤矿矿井气。

天然气既是制取合成氨、炭黑、乙炔等化工产品的原料气，又是优质燃料气，是理想的城市气源。由于开采、储运和使用天然气既经济又方便，天然气工业在世界范围内有了很大的发展。21世纪初，天然气将取代石油成为主导的能源。有些天然气资源缺乏的国家通过进口天然气或液化天然气以发展城市燃气事业。液态天然气的体积为气态时的 1/600，有利于运输和储存。

2. 液化石油气(Liquefield Petroleum Gas)

液化石油气是在开采和炼制石油过程中，作为副产品而获得的一部分碳氢化合物。目前，国产的液化石油气主要来自炼油厂的催化裂化装置。液化石油气产量通常占催化裂化装置处理量的 7%～8%。

液化石油气的主要成分是丙烷、丙烯、丁烷和丁烯，习惯上又称 C_3、C_4，即只用烃的碳原子(C)数表示。这些碳氢化合物在常温、常压下呈气态，当压力升高或温度降低时，很容易转变为液态。从气态转变为液态，其体积约缩小 250 倍。气态液化石油气的发热值为 92 100～121 400 kJ/m³。液态液化石油气的发热值为 45 200～46 100 kJ/kg。

液化石油气中烯烃部分可作化工原料，而其烷烃部分可用作燃料。近年来，国外不少城市还用它作为汽车燃料，该项技术在我国也得到了重视和开发。由于在燃气事业中，发展液化石油气投资省、设备简单、供应方式灵活、建设速度快，所以液化石油气供应事业发展很快。

液化石油气与天然气不同，属于二次能源。因此，液化石油气的资源量取决于石油炼制能力和实际规模。由于液化石油气还来源于天然气的生产，因而也与天然气的开发有一定联系。

3. 人工煤气(Manufactured Gas)

由煤、焦炭等固体燃料或重油等液体燃料经干馏、汽化或裂解等过程所制得的气体，统称为人工煤气，也属于"二次能源"。按照生产方法，一般可分为干馏煤气和气化煤气(发生炉煤气、水煤气、半水煤气等)。人工煤气的主要成分为烷烃、烯烃、芳烃、一氧化碳和氢气等可燃气体，并含有少量的二氧化碳和氮等不可燃气体，热值为 16 000～24 000 kJ/m³。

4. 沼气(Biogas)

各种有机物质(如蛋白质、纤维素、脂肪、淀粉等)在隔绝空气的条件下发酵，并在微生物的作用下产生的可燃气体，叫作沼气(生物气)。发酵的原料是取之不尽、用之不竭的粪便、垃圾、杂草和落叶等有机物质，因此，沼气属于可再生能源。沼气的组分中甲烷的含量约为 60%，二氧化碳约为 35%，另外，还含有少量的氢、一氧化碳等气体。发热值约为 20 900 kJ/m³。

表 10-1 燃气的种类

燃气种类		名称	主要成分	发热值/(MJ·m⁻³)	供应方式
天然气	常规气	气田气	CH_4(占 98%)	34～36	管道
		石油伴生气	CH_4(占 80%)	42	
		凝析气	CH_4(占 70%)	46～48	
	非常规气	煤层气	CH_4(>80%)	12.5	
		可燃冰、页岩气			
液化石油气		采油分离回收 炼油过程副产品	C_3H_8 丙烷 C_4H_{10} 丁烷	88～109	瓶装

续表

燃气种类	名称	主要成分	发热值/(MJ·m^{-3})	供应方式
人工煤气	干馏煤气	H_2(58%) CH_4(26%)	18	管道
	气化煤气	H_2(56%) CH_4(18%) CO(18%)	15.4	
生物质气	沼气	CH_4(70%) CO_2(20%)	24 kJ/m^3	乡镇家用

二、天然气的分类、储存及输送

2019年，中国天然气消费量达3 064亿 m^3，同比增长8.6%，占一次能源消费总量的8.1%，同比上升0.3个百分点。从消费结构来看，城市燃气和工业用气仍是天然气消费的主力，分别占全国消费量的37.2%和35.0%。2019年以来，持续推进天然气市场化改革，实施减税降费，扩大天然气利用。

1. 分类

天然气通常按照成藏机理、开采技术可分为常规天然气和非常规天然气。常规天然气按其矿藏特点可分为气田气（又称纯天然气）、石油伴生气和凝析气田气；非常规天然气是指在成藏机理、赋存条件、分布规律和勘探开发方式等方面有别于常规天然气的烃类（含非烃类）资源。按照资源禀赋特征和赋存的介质分类，非常规天然气主要包括煤层气、致密砂岩气、页岩气、天然气水合物、水溶气、浅层生物气等。近年来，国内外对非常规天然气的开发利用越来越重视。

2. 储存

目前，天然气的储存方式主要有气态储存和液态储存两种。其中，前者包括地面储罐储存、管道储存和地下储气库储存（图10-1）等。

(1) 地面储罐储存。天然气地面储存一般采用金属储气罐，储气罐按压力可分为高压和低压两种。低压LNG天然气储罐（图10-2）的工作压力一般为0.004~0.005 MPa，多为化工厂、石化厂作工艺气的中间储存；高压储气罐的工作压力一般为0.25~3.0 MPa，主要用于城市配气系统供昼夜或小时调峰用。

图10-1 地下储气库

图10-2 低压LNG天然气储罐

(2) 管道储存。天然气管道储存有输气干线末段储气和利用管束储气两种方式。

①输气干线末段储气,是指在供气低峰时,将富余的气储存在输气干线末段,随着管内气体压力逐渐升高到最后一个压气站允许的最高压力,到用气高峰时,该储气段压力降到城市配气管网允许的最小值,将储存的气体输出,增加供气量。

②管束储气,即使用一定直径和一定数量的管子构成管束,埋设于供气点附近,用高压天然气或压缩机将天然气注入管束中,待高峰用气时输出。

管道储气容量较小,主要供城市昼夜或小时调峰用。

(3)地下储气库储存。地面LNG低温储罐和管道储气只能作为消除昼夜用气不均衡性的措施,要解决季节用气不均衡性问题,根本的办法是建造地下储气库。如果没有地下储气库,干线输气管道就应根据冬季的用气量进行设计。在冬季,输气管道将满负荷工作,而到夏季,由于用气量减少,输气管道的负荷将下降,因此,管路和设备的利用率降低,固定设备投资在输气成本中所占的比重将提高。在冬夏季用气量相差悬殊的情况下,输气管道夏季负荷降低,不但在经济上不合理,而且在输气工艺上造成很多困难。如果有地下储气库,干线输气管道就可以根据日平均用气量进行设计,在夏季,多余的气体注入地下储气库,在冬季,不足的气体由地下储气库补充。这样,输气管道全年都是在满负荷下工作,管路和设备的能力可以得到充分利用。

地下储气库具有储气容量大、节省地面LNG天然气低温储罐投资、不受气候影响、维护管理简便、安全可靠、不影响城镇美化规划、不污染环境等优点。

地下储气库主要有利用枯竭的油田或气田作地下储气库、利用含水层作地下储气库和利用盐层作地下储气库三种类型。

天然气以气态形式进行储存和运输,由于其体积庞大,压力很高,因此,通常将其在常压下深冷到$-160\ ℃$进行液化。在标准状态下,其液态体积为气态时的1/600,而密度相当于气态时的600倍,因此,无论对远洋贸易运输,还是储罐储存,都具有较高的经济价值。

天然气液化储存方式不受地理位置、地质构造、距离和容量等的限制,占地少、造价低、工期短、维修方便。对于无油气田、盐穴、水层建造地下储气库的城市,可以利用这种方式进行调峰。

由于液化天然气具有可燃性和超低温性($-160\ ℃$),因而对储存设施(储罐)的要求很高。目前,国外液化天然气的储存主要是储罐储存,储罐分地下和地上两种。储罐形式的选择取决于投资费用,也取决于安全因素及其他一些制约条件。在常压下储存液化天然气时,储罐内压通常为$3.4\sim17.2\ kPa$。

3. 输送

天然气有多种输送方式,主要包括管道运输(PNG)、液化天然气运输(LNG)、压缩天然气运输(CNG)、天然气合成油运输(GTL)、吸附储运(ANG)及天然气水合物储运(NGH)等。目前,我国天然气长输管道蓬勃发展,全国性管网逐步形成;同时,用LNG与CNG公路罐车运输天然气已经遍及全国管道供气尚未覆盖的城镇。三种主要天然气运输方式各有优点、缺点:PNG是天然气输送最稳定、有效的方式,但管道投资巨大,当输气规模小而运输距离长时,单位体积天然气输气成本较高;CNG罐车运输是城镇燃气供应的有效方式,尤其适用于小规模市场,但由于CNG罐车单车运气量小,受规模和运输距离的限制较大;与CNG罐车相比,LNG罐车运输单车运气量增大,但液化流程复杂,LNG工厂建设投资大,液化费用高。

三、液化石油气的制取、储存和输送

1. 制取

液化石油气与石油和天然气一样,是化石燃料。液化石油气是在石油炼制过程中由多种低沸点气体组成的混合物,没有固定的组成。其主要成分是丁烯、丙烯、丁烷和丙烷。炼油厂在生产其他较为常用的燃料过程中生产液化石油气。能源企业从地下汲取的天然气中,90%是甲烷。其余是各种液化石油气,从天然气提炼的液化石油气产量多少不等,一般为1%~3%。另外,液化石油气还可从原油中分离。精炼过程会有大约3%的液化石油气产量,如果对炼油厂设备进行优化集中提炼液化石油气,这一产量可以达到30%~40%。液化石油气气体的密度单位是以 kg/m³ 表示,它随着温度和压力的不同而发生变化。因此,在表示液化石油气气体的密度时,必须规定温度和压力的条件。

2. 储存

液化石油气储存有常温压力储存(又称全压力储存)和低温储存两种方式。低温储存的压力和温度应保持在一定的范围内,需要人工制冷。按储存温度(及相应的压力)不同,低温储存又可分为降压储存(又称半冷冻式)及常压储存(又称全冷冻式)。降压储存的液化石油气温度低于某一设计温度,仍具有压力储存的特点。而常压储存的液化石油气储罐内饱和蒸汽压接近大气压力(<10 kPa),按丙烷、丁烷单一组分分别储存。

液化石油气的储存方式应根据气源情况、规模和气候条件等因素选择,在城镇燃气储配基地一般采用常温压力储存。液化石油气储罐有圆筒形储罐和球形储罐两种。圆筒形储罐又可分为卧式罐和立式罐,通常容积不大于 400 m³。与圆筒型储罐相比,球形储罐单位容积钢材耗量少,占地面积小,但加工制造及安装比较复杂,安装费用高。圆筒形储罐和球形储罐均设有液化石油气液相进出口管、液相回流管、气相进出口管、安全阀接口、排污口、压力表、温度表及液位计等附件。球形储罐的构造及其附件的安装如图 10-3 所示。

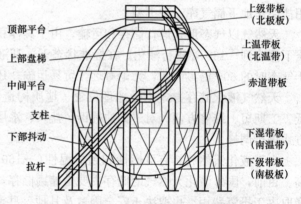

图 10-3 球形储罐的构造及其附件的安装

3. 输送

气瓶供应是液化石油气的供应方式之一,液化石油气钢瓶一般是在储配站内完成灌装。液化石油气储配站是从气源厂接收液化石油气,储存在站内的固定储罐中,并通过各种形式转售给各种用户。其主要功能如下:

(1)装卸液化石油气。卸车是指接收汽车槽车、火车槽车等运输来的液化石油气。通常采用压缩机、升压器、烃泵将槽车上储罐内的液化石油气卸到储配站内的固定液化石油气储罐。装车是相反的过程。当采用管道输送时,可利用管道末端的压力将液化石油气直接压入储罐。

(2)灌装液化石油气。灌装工艺是将储配站的液化石油气储罐内的液态液化石油气通过烃泵灌装到钢瓶中。钢瓶是供用户使用的盛装液化石油气的专用压力容器。钢瓶的构造形式

如图 10-4 所示。

钢瓶由底座、瓶体、瓶嘴、耳片和护罩（或瓶帽）组成。供民用、商业及小工业用户使用的钢瓶，其充装量为 10.15 kg 和 50 kg。

（3）残液回收处理。将空瓶内的残液或有缺陷的实瓶内的液化石油气通过压缩机和烃泵倒入储配站所设置的残液罐中，储罐内残液可外运至专门的处理厂回收，也可作为储配站的燃料使用。

四、人工煤气的分类

人工煤气是以煤或重油为主要原料制取的可燃气体，按其生产方式不同可分为以下三种。

1. 干馏煤气

将煤隔绝空气加热到一定温度时，煤中所含挥发物开始挥发，产生焦油、苯和煤气，剩留物最后变成多孔的焦炭，这种分解过程称为"干馏"。利用焦炉、

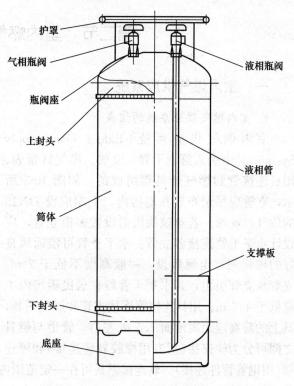

图 10-4 球形储罐的构造及其附件的安装

连续式直立炭化炉（又称伍德炉）和立箱炉等对煤进行干馏所获得的煤气称为干馏煤气。在干馏过程中，由于最终温度不同，又可分为高温干馏和中温干馏。它们所产生的干馏煤气，则称为全焦煤气和半焦煤气。利用焦炉生产高温干馏煤气，它的剩留物为焦炭。利用炭化炉、立箱炉生产中温干馏煤气，它的剩留物为半焦，通常称为熟煤。

2. 气化煤气

固体燃料的气化是热化学过程。煤可在高温时伴用空气（或氧气）和水蒸气为汽化剂，经过氧化、还原等化学反应，制成以一氧化碳和氢为主的可燃气体，采用这种生产方式生产的煤气，称为气化煤气。

气化煤气按其生产方法（汽化剂）的不同，主要可分为混合发生炉煤气和水煤气。混合发生炉煤气是生产混合发生炉煤气的设备。它以空气和水蒸气作为汽化剂，煤与空气及水蒸气在高温作用下制得混合煤气。水煤气以水蒸气作为汽化剂，在高温下与煤或焦炭作用制得水煤气。水煤气发生炉为了提高水煤气热值，可在出口处下端设置增热器，从顶部喷注燃料油，使之受热裂解，这样便能提高水煤气的热值，这种改良型水煤气炉称为增热水煤气炉。

3. 油制气

油制气是以石油（重油、轻油、石脑油等）为原料，在高温及催化剂作用下裂解制取。油制气按制取方法不同，可分为重油制气和轻油制气。油制气的主要成分为烷烃、烯烃等碳氢化合物，以及少量的一氧化碳，裂解后的副产品有苯、萘、焦油、炭黑等。生产油制气基建投资少，自动化程度高，生产机动性强，油制气既可作为城市燃气的基本气源，又可作为城市燃气供应高峰的调节气源。

第二节 室内燃气供应系统

一、室内燃气供应系统

1. 室内燃气供应系统的组成

室内燃气供应系统(Indoor Gas Supply System)是由引入管、干管、立管、燃气计量表、用具连接管和燃气灶具等组成的,如图10-5所示,立管应尽量布置在厨房内,上端应设 $DN15$ 的放气口丝堵。若建筑物内需设置多根立管,应设计水平干管连接各立管。水平干管可沿通风良好的楼梯间、走廊敷设,一般高度不低于2 m。支管从立管引出,其水平干管段在居民厨房内不应低于1.7 m。用具连接管连接支管和燃气用具,其上的旋塞应距离地面1.5 m左右。管道与燃具之间可分为软连接(用专用橡胶软管连接)和硬连

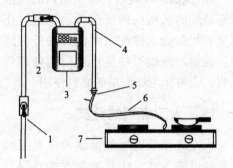

1—进户立管;2—表前阀门;3—燃气表;
4—表后管;5—单嘴(双叉);6—胶管;
7—燃气具(燃气灶、燃气热水器、燃气采暖炉)

图10-5 室内燃气设施的组成

接(用钢管管件连接)。软连接燃具可在一定范围内移动;硬连接燃具不能随意移动,目前多采用软连接。

2. 室内燃气供应系统设置要点

(1)供气压力:居住建筑≤0.1 MPa,公共建筑≤0.2 MPa。
(2)良好的通风条件,管道应明装。
(3)不得敷设在卧室、浴室、厕所。
(4)不得与电线、送排风管共用管道井。
(5)室内水平管道高度≥1.7 m。
(6)计量表后支管须硬连接(铝塑复合管)。
(7)末端管道与燃具之间可软连接(专用橡胶软管),但长度≤2 m。

二、燃气计量表(Gasmeter)

燃气计量表是计量用户燃气消费量的装置。燃气计量表有代表性的是皮膜式燃气计量表(图10-6),燃气进入计量表时,表中两个皮膜袋轮换接纳燃气气流,皮膜的进气带动机械转动机构计数。

居民住宅燃气计量表一般安装在厨房内。近年来,为了便于管理,不少地区已采用在表内增加IC卡辅助装置的气表,使计量表读卡缴费供气成为智能化仪表。

厨房内燃气计量表的安装应符合以下要求:

(1)计量表的安装位置要有利于计量表数据的人工读取。计量表的安装高度主要和计量表的大小式样、安装空间及当地燃气公司的有关规定有关。一般居民用户计量表底部距离厨房地面1.8 m。

(2)燃气计量表不能安装在燃气灶具正上方,表灶水平距离不得小于300 mm。这是为了

避免热气流对燃气体积流量计量正确性的影响，以及保证计量表的防火安全。

三、燃气用具（Gas Appliance）

常用的民用灶具有厨房燃气灶和燃气热水器，如图10-7所示。常见的燃气灶是双眼燃气灶，由灶体、工作面及燃烧器组成。燃气热水器是一种局部热水加热设备，按其构造可分为容积式和直流式两类。

燃气燃具应安装在有自然通风和自然采光的厨房内，不得设置在地下室或卧室内。安装灶具的房间净高不得低于2.2 m。燃气热水器应安装在通风良好的非居住房间，过道或阳台内平衡式燃气热水器可安装在有外墙的浴室或卫生间内。其他类型燃气热水器严禁安装在浴室或卫生间内，房间装有烟道式热水器时，该房间门或墙的下部应设有效截面面积不小于 0.02 m² 的格栅，或门与地面之间留有不小于 30 mm 的间隙。

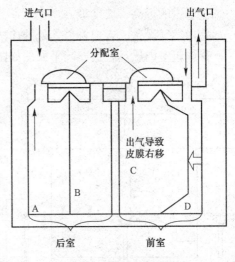

图10-6　皮膜式燃气计量表

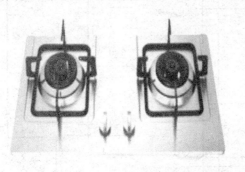

图10-7　厨房燃气灶和燃气热水器

第三节　燃气工程施工图识读

室内燃气管道平面图应在建筑物的平面施工图或实际测绘平面图的基础上绘制。室内燃气管道施工图包括设计施工说明、图例、主要设备明细表、平面图和系统图。当管道、设备布置较为复杂，系统图不能表示清楚时，宜辅以剖面图、详图等。系统图应按45°正面斜轴测法绘制。系统图的布图方向应与平面图一致，并应按比例绘制；当局部管道按比例不能表示清楚时，可不按比例。

明敷的燃气管道应采用粗实线绘制；墙内暗埋或埋地的燃气管道应采用粗虚线绘制；图中的建筑物应采用细线绘制。

平面图中应绘制出燃气管道、燃气表、调压器、阀门、燃具等。燃气管道的相对位置和管径应标注清楚。

系统图中应绘制出燃气管道、燃气表、调压器、阀门、管件等，并应注明规格。标出室内燃气管道的标高、坡度等。

室内燃气设备、入户管道等处的连接做法，宜绘制大样图。

某建筑室内燃气管道安装平面图如图 10-8 所示。

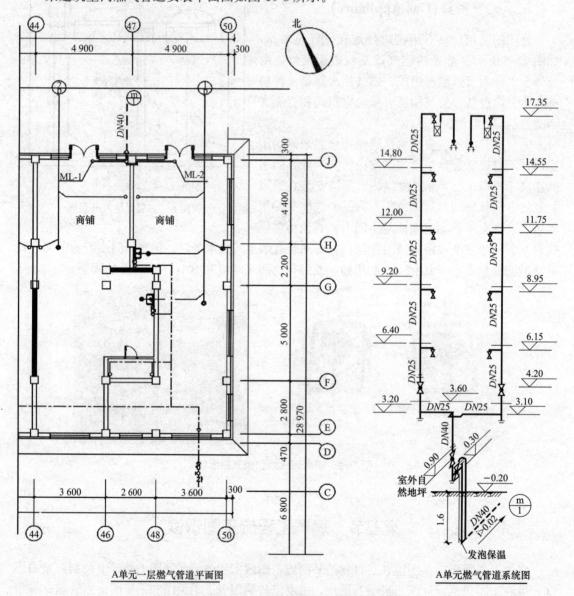

图 10-8　某建筑室内燃气管道安装平面图

思考题

1. 燃气可分为哪几种？每种燃气的来源是什么？比较其主要成分和发热值。
2. 各种燃气是如何制取、储存和输送的？
3. 室内燃气供应系统由哪些组成？
4. 室内燃气管道、燃气计量表和燃气用具应注意哪些主要安全事项？

第十一章

建筑节能与清洁能源应用

第一节 建筑节能的概念及意义

一、建筑节能的概念

建筑节能(Building Energy Efficiency)具体是指在建筑物的规划、设计、新建(改建、扩建)、改造和使用过程中,执行节能标准,采用节能型的技术、工艺、设备、材料和产品,提高保温隔热性能和采暖供热、空调制冷制热系统效率,加强建筑物用能系统的运行管理,利用可再生能源,在保证建筑室内环境质量的前提下,增大室内外能量交换热阻,以减少供热系统、空调制冷制热、照明、热水供应而产生的能耗。

二、建筑节能的意义

随着经济发展和人类生活水平的提高,各国能源的消耗量也越来越高,从2000年起世界能源需求量正以每年2%的速率增长,到2050年全世界总能源耗费将比21世纪初翻一番。而与此同时,全球能源供应日益紧张,发展与能源短缺的矛盾日益加剧,因此,能源节约及综合利用问题受到世界各国的普遍关注。联合国提出了"可持续发展"的战略,它是人们在面对气候变化、能源短缺等危机的情况下提出的人类新的环境价值观和生存发展观。

我国城乡现有(既有)建筑面积达586亿m^2,预计到2020年年底,全国建筑面积将达686亿m^2,每年城乡新增建筑面积近20亿m^2,比欧美发达国家一年新建总和还要多。我国既有建筑中99%为高耗能建筑,也有大量的高能耗建筑。

我国建筑能耗占到全国能源消耗总量的约30%。2000年全国建筑能耗达到3.5亿吨标准煤,如果维持现状不变,2020年建筑能耗将达到10.89亿吨标准煤,为2000年的3倍以上。如果继续执行节能水平较低的设计标准,将留下很重的能耗负担和治理困难。庞大的建筑能耗，已经成为国民经济的巨大负担。因此，建筑行业全面节能势在必行。全面的建筑节能有利于从根本上促进能源资源节约和合理利用，缓解我国能源资源供应与经济社会发展的矛盾；有利于加快发展循环经济，实现经济社会的可持续发展；实施能源资源消费革命发展战略，推进城乡发展从粗放型向绿色低碳型转变，对实现新型城镇化，建设生态文明具有重要的意义。

三、我国建筑节能的发展历程

在发达国家，建筑节能经历了三个发展阶段：

第一阶段：Energy Saving in Buildings，即在建筑中节约能源，就是常说的建筑节能。

第二阶段：Energy Conservation in Buildings，即在建筑中保持能源，减少能源损失。

第三阶段：Energy Efficiency in Buildings，即提高建筑中的能源利用率，是积极意义上的节能。

为了降低建筑能耗，我国制定了阶段性建筑节能政策：

第一阶段(1986—1995年)：新设计的采暖居住建筑能耗水平应在1980—1981年当地通用设计标准能耗基础上再节能30%；

第二阶段(1996—2004年)：新设计的采暖居住建筑要在1995年底的基础上再节能30%，相当于1980—1981年当地通用设计标准能耗基础上总节能50%；

第三阶段：自2004年起新设计的采暖居住建筑能耗水平应在第二阶段的基础上再节能30%，相当于1980—1981年当地通用设计标准能耗基础上总节能65%。

第四阶段：新设计的采暖居住建筑能耗水平应在第三阶段的基础上再节能30%，相当于1980—1981年当地通用设计标准能耗基础上总节能75%。

第四阶段按75%节能标准建设的住宅，目前应属于低能耗建筑范畴。全国不少城市大气污染问题严重，尤其是采暖季雾霾现象的出现，使人们对提高建筑节能标准的渴求日益紧迫。

现阶段，我国充分吸收国外先进经验，结合自身气候、环境和人文特征，首次界定我国可按难易程度分为超低能耗建筑(Ultra—Low Energy Building)、近零能耗建筑(Nearly Zero Energy Building)、零能耗建筑(Zero Energy Building)三阶段递进模式。并于2019年出台了《近零能耗建筑技术标准》，该标准为世界建筑节能领域贡献了"中国方案"。

四、建筑节能的技术途径

影响建筑节能的因素众多，如建筑物所处的地理位置、区域气候特征、建筑自身构造、建筑设备的使用、建筑物的运行管理和维护等，因而，建筑节能是一个系统工程，涉及建筑、结构、建筑设备、建筑电气与智能化等专业技术。目前，适合我国现状的建筑节能的措施和途径，可以简单概括为以下"三大措施"和"两个基本途径"。

(一)三大措施

1. 建筑规划设计中的节能

在建筑规划和设计时，根据大范围的气候条件影响，针对建筑自身所处的具体环境气候特征，重视利用自然环境(如外界气流、雨水、湖泊和绿化、地形等)创造良好的建筑室内微气候，以尽量减少对建筑设备的依赖。具体措施可归纳：合理选择建筑的地址、采取合理的外部环境设计(主要方法为:在建筑周围布置树木、植被、水面、假山、围墙);合理设计建筑形体(包括建筑整体体量和建筑朝向的确定),以改善既有的微气候,主要通过建筑各部件的结构构造设计和建筑内部空间的合理分隔设计得以实现,同时可借助相关软件进行优化设计。

2. 建筑围护结构的节能

通过改善建筑物围护结构的热工性能,在夏季可减少室外热量传入室内,在冬季可减少室内热量的流失,使建筑热环境得以改善,从而减少建筑冷、热消耗。首先,提高围护结构各组成部件的热工性能,一般通过改变其组成材料的热工性能实行。然后,根据当地的气候、建筑的地理位置和朝向,以建筑能耗软件计算结果为指导,选择围护结构组合优化设计方法。最后,评估围护结构各部件与组合的技术经济可行性,以确定技术可行、经济合理的围护结构下,详见本章第二节。

3. 建筑供能系统的节能

从一次能源转换到建筑设备系统使用的终端能源的过程中,能源损失很大。因此,应从全过程(包括开采、处理、输送、储存、分配和终端利用)进行评价,才能全面反映能源利用效率和能源对环境的影响。首先,尽可能利用可再生能源,可充分利用不同品位热能,最大限度地提高能源利用效率,如热电联产(CHP)、冷热电联产(CCHP);其次根据建筑的特点和功能,设计高能效的暖通空调设备系统,如热泵系统、蓄能系统和区域供热、供冷系统等。再次,在使用中采用能源管理和监控系统监督和调控室内的舒适度、室内空气品质和能耗情况。如通过传感器测量周边环境的温、湿度和日照强度。最后,基于建筑动态模型预测采暖和空调负荷,控制暖通空调系统的运行。

(二)两个基本途径

建筑节能两个基本途径:一是建筑物本身节能,即改善围护结构的保温性能,减少围护结构的热损失;二是系统节能,即提高建筑物暖通空调、照明系统的效率,减少设备的能耗,充分发挥能量的效应。

五、绿色建筑与超低能耗建筑

1. 绿色建筑

绿色建筑(Green Building)是指在建筑的全寿命周期内,最大限度地节约资源,包括节能、节地、节水、节材等,保护环境和减少污染,为人们提供健康、舒适和高效的使用空间,与自然和谐共生的建筑物。绿色建筑技术注重低耗、高效、经济、环保、集成与优化,是人与自然、现在与未来之间的利益共享,是可持续发展的建设手段。

2006年,住房和城乡建设部正式颁布了《绿色建筑评价标准》(此标准先后于2014年、2019年进行了修订)。2007年8月,住房和城乡建设部又出台了《绿色建筑评价技术细则(试行)》和《绿色建筑评价标识管理办法》,逐步完善适合中国国情的绿色建筑评价体系。绿色建筑评价体系指标,由高到低划分为三星、二星和一星。

建筑节能和绿色建筑是推进新型城镇化、建设生态文明、全面建成小康社会的重要举措。《国家新型城镇化规划(2014—2020)》提出了到2020年,城镇绿色建筑占新建建筑的比重要超过50%的目标。《关于加快推进生态文明建设的意见》要求,要大力发展绿色建筑,实施重点产业能效提升计划等措施,为推动城乡建设工作提出了新的任务和要求。

2. 超低能耗建筑

超低能耗建筑(Ultra-low Energy Building)是指适应气候特征和自然条件，通过保温隔热性能和气密性能更高的围护结构，采用高效新风热回收技术，最大限度地降低建筑供暖供冷需求，并充分利用可再生能源，以更少的能源消耗提供舒适室内环境并能满足绿色建筑基本要求的建筑。

超低能耗建筑主要技术特征如下：
(1)保温隔热性能更高的非透明围护结构；
(2)保温隔热性能和气密性能更高的外窗；
(3)无热桥的设计与施工；
(4)建筑整体的高气密性；
(5)高效新风热回收系统；
(6)充分利用可再生能源；
(7)至少满足《绿色建筑评价标准》(GB/T 50378—2019)一星级要求。

在充分借鉴国外被动式超低能耗建筑建设经验并结合我国工程实践的基础上，2015年住房和城乡建设部发布《被动式超低能耗绿色建筑技术导则(试行)(居住建筑)》，导则中对超低能耗建筑能耗指标及气密性指标的规定见表11-1。

2017年5月住房和城乡建设部发布《建筑业发展"十三五"规划》，其中关于建筑节能与绿色建筑发展规划明确提出到2020年，建设超低能耗、近零能耗建筑示范项目1 000万 m²以上。超低能耗建筑是我国建筑业的前沿及日后发展的必要阶段，其在国民经济的发展、人民生活质量水平的提高等方面都发挥着极其重要的作用，发展超低能耗建筑经济已经势在必行。北京市、山东、河北、河南等先驱省市纷纷出台超低能耗建筑发展目标及补贴政策，给行业发展以激励和推动。

表11-1 能耗指标及气密性指标

气候分区		严寒地区	寒冷地区	夏热冬冷地区	夏热冬暖地区	温和地区
能耗指标	年供暖需求 /[kW·h·(m²·a)$^{-1}$]	≤18	≤15	≤5		
	年供冷需求 /[kW·h·(m²·a)$^{-1}$]	≤3.5+2.0×WDH_{20}+2.2×DDH_{28}				
	年供暖、供冷和照明一次能源消耗量	≤60 kW·h/(m²·a)[或 7.4 kgce/(m²·a)]				
气密性指标	换气次数 N_{50}	≤0.6				

第二节 建筑围护结构的节能

在上节所述，建筑节能需要从建筑规划设计、建筑围护结构和建筑供能系统"三大措施"考虑，可见完整的建筑节能要从建筑规划设计阶段开始进行。所以，在进行建筑规划时，设计人员必须充分了解建筑所处的周边地理和气候条件，调查哪些因素可以为建筑提供能源，加强对自然条件的利用,以尽量减少对建筑设备的依赖。

主要包括建筑选址、建筑布局、季风风向节能设计;建筑体型、朝向、间距、窗墙比节能设计;室外空间环境、绿化等节能设计。具体体现在:节能建筑宜采用简洁建筑外形等措施来控制体型系数;建筑环境规划中应考虑水体和绿地的合理分布,布置合理的绿化带位置还能引导周边风向和气流,在冬季抵御寒风,在夏季通风降温;建筑围护结构的绿化,能有效改善室内环境等措施。关于建筑规划设计节能的内容这里只做简要介绍,不再赘述。

本节重点介绍建筑围护结构节能(Energy Efficiency of Building Envelope)。建筑围护结构组成部件的设计对建筑能耗、环境性能、室内空气质量与用户所处的视觉和热舒适环境有根本的影响。一般增大围护结构的费用仅为总投资的3%~6%,而节能却可达20%~40%。本节将分别从墙体、门窗、屋面、地面等方面对相关的节能技术及其实现手段进行介绍。

一、墙体节能

在建筑围护结构中,墙体在采暖能耗中所占的比例最大,占总能耗的32.1%~36.2%,因此,如何改善墙体的保温性能成为重中之重。通过改善建筑物围护结构的热工性能,在夏季可减少室外热量传入室内,在冬季可减少室内热量的流失,使建筑热环境得以改善,从而减少建筑冷、热消耗。提高围护结构各组成部件的热工性能,一般通过改变其组成材料的热工性能实行,主要为墙体材料和保温材料。

1. 新型墙材

新型墙材有加气混凝土砌块、混凝土小型空心砌块(图11-1)、承重烧结多孔砖(图11-2)、非承重烧结空心砖和空心砌块、节能装饰承重砌块及夹心砌块等。

(1)加气混凝土砌块。加气混凝土砌块是以钙质材料和硅质材料为基本原料,以铝粉为发气剂,经配料、搅拌、浇筑成型、切割和蒸压养护而成的一种多孔轻质墙体材料,保温隔热、防火性能良好,可钉、可锯、可刨,具有一定抗震能力。

(2)混凝土小型空心砌块。混凝土小型空心砌块是以水泥为胶凝材料、砂石为骨料,加水搅拌,振动加压成型,经养护制成的具有一定空心率的砌块材料。

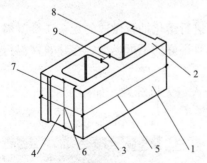

1—条面;2—坐浆面(肋厚较小的面);3—铺浆面(肋厚较大的面);
4—顶面;5—长度;6—宽度;7—高度;8—壁;9—肋

图11-1 砌块各部分名称

图11-2 承重烧结多孔砖

(3)承重烧结多孔砖。承重烧结多孔砖是以黏土、页岩、煤矸石、粉煤灰为主要原料,经坯料制备、压制、焙烧而成,具有一定孔洞率的承重砌体材料。

(4)非承重烧结空心砖和空心砌块。非承重烧结空心砖和空心砌块是以黏土、页岩、煤矸石、粉煤石为主要原料,经坯料制备、压制、焙烧而成,是具有40%左右空心率的非承重砌体材料。

(5)节能砌块。节能砌块是集承重、保温、装饰于一体的新型墙体材料,解决了装饰面与结构层稳定可靠连接的问题。

2. 保温材料

(1)聚合物发泡型保温材料(图11-3)。聚合物发泡型保温材料具有吸水率小、保温效果稳定、热导率低,在施工中没有粉尘飞扬、易于施工等优点。该类保温材料为有机物保温材料,在建筑消防等级中列为B类,目前不能直接用于人群密集型场所,如学校、商场、影剧院和有丙类以上防火要求的厂房。

聚合物发泡型保温材料包括聚氨酯泡沫塑料和聚苯乙烯泡沫塑料。聚苯乙烯泡沫塑料(Expanded Poly Styrene,EPS)是一种轻型高分子聚合物。它是采用聚苯乙烯树脂加入发泡剂,同时加热进行软化,产生气体,形成一种硬质闭孔结构的泡沫塑料。

(2)矿棉及玻璃棉制品。矿棉由其原料不同可分为矿渣棉和岩棉。该类属于无机保温材料,在建筑消防等级中列为A类,可直接用于B类(有机类)不能使用的建筑类型。

矿渣棉是矿物棉的一种,是利用工业废料矿渣(高炉矿渣或铜矿渣、铝矿渣等)为主要原料,经熔化、采用高速离心法或喷吹法等工艺制成的棉丝状无机纤维,如图11-4所示。

图11-3 聚合物发泡型保温材料

图11-4 矿渣棉保温材料

岩棉是一种用玄武岩为基材在高温状态下进行熔化抽丝做成的无机矿棉材料。岩棉具有更好的强度和持久性等优点,保温效果好又具有很好的不可燃型,在建筑保温行业的使用越来越广泛,如图11-5所示。

玻璃棉是玻璃纤维中的一个类别,是一种人造无机纤维,如图11-6所示。它具有良好的绝热、吸声性能,最高使用温度一般低于300 ℃。

图11-5 由岩棉制成的岩棉板

图11-6 由玻璃棉制成的玻璃棉板

目前，我国节能住宅的外墙保温划分为内保温、夹心保温、外保温及综合保温四种保温形式，它们对降低墙体耗热指标都具有良好效果，但在节能效率上又存在较大的差别。外墙外保温是住房和城乡建设部倡导推广的主要保温形式，其保温方式最为直接、效果也最好，是我国目前应用最多的一项建筑保温技术。

二、门窗节能

在建筑围护结构的门窗、墙体、屋面、地面四大围护部件中，门窗的绝热性最差，是影响室内热环境和建筑节能的主要因素。就我国目前典型的围护部件而言，门窗的能耗占建筑围护部件总能耗的40%~50%。因此，增加门窗的保温隔热性能，减少门窗的能耗，是改善室内热环境质量和提高建筑节能水平的重要环节。

门窗的传热主要有构件传热、空气间层传热、表面换热、玻璃的传热、热桥（冷桥）部位的局部传热，换气和空气渗透损失。影响门窗节能的外部因素包括室内外温度、建筑朝向、窗墙比等，针对室内外温度和建筑朝向这两个问题可以通过控制室内温度、合理选择建筑朝向、确定合适的窗墙比等加强门窗的节能，但最主要的是门窗合理的构造。

1. 节能玻璃

(1) 镀膜玻璃：在玻璃表面涂镀一层或多层金属、合金或金属化合物薄膜，以改变玻璃的光学性能，满足某种特定要求。

(2) 吸热玻璃：吸收大量红外线辐射能并保持较高可见光透过率的平板玻璃。

(3) 中空玻璃及真空玻璃：将两片或多片玻璃以有效支撑均匀隔开并周边粘结密封，使玻璃层间形成有干燥气体空间的玻璃制品。

(4) 聚碳酸酯板：又称为PC板、透明塑料片、阳光板或耐力板，它与玻璃有相似的透光性能。

2. 节能窗框

窗框是规定玻璃及窗户位置的主要支撑，在节能的方面主要是在保证支撑能力的前提下，降低其导热系数，提高其密封能力。现在市场上使用的节能窗框主要有以下几种：

(1) 塑料门窗。塑料门窗是采用聚氯乙烯（PVC）塑料经螺杆挤出机塑炼挤出制成异型材，加入钢衬后，经切割、焊接而成。

(2) 塑钢门窗。塑钢门窗是为增强型材的刚性，超过一定长度的型材空腔内需要添加钢衬（加强筋），通过这一流程制成的门窗。

(3) 铝塑复合窗。室内外两层铝合金既隔开又紧密连接成一个整体，室外侧的铝型材和室内侧的塑料型材用卡接的方法结合。

(4) 钢塑叠合保温窗。窗框是由空腹钢窗型材与塑料空腹型材叠合在一起的。

(5) 钢塑共挤复合型材。塑料门窗挤出技术的应用。

3. 节能密封

窗户主要有三部分缝隙：一是窗户框扇搭接缝隙；二是玻璃与框扇的嵌装缝隙；三是门窗框与墙体的安装缝隙。为提高门窗的气密性和水密性，减少空气渗透热损失，必须使用密封材料，常用的品种有橡胶条、塑料条和橡塑条等，还有胶膏状产品（在接缝处挤出成型后固化）和条刷状密封条。

三、屋面节能

屋顶的保温、隔热是围护结构节能的重点之一。在严寒、寒冷地区屋顶设保温层，以阻止室内热量散失；在夏热冬暖地区屋顶设置隔热降温层以阻止太阳的辐射热传至室内；而在夏热冬冷地区，则要冬、夏兼顾。屋面保温隔热性能的好坏是顶层楼居住条件和降低空调（采暖）能耗的重要因素。

1. 保温屋面技术

一般保温屋面构造由结构层、保温隔热层、找平层、防水层和保护层等组成（图11-7）。传统保温隔热屋面，楼板受到保温层的保护而不致受到过大的温度应力，整个屋顶的热工性能能够得到保证，从而有效避免屋顶构造层内部的冷凝和结冻。

"倒置式屋面"（图11-8）将保温层设在防水层之上，大大减弱了防水层受大气、温差及太阳光紫外线照射的物化影响，使防水层不易老化，因而，能长期保持其柔软性、延伸性等性能，并有效延长使用年限，甚至可使防水层寿命延长2～4倍。

屋面的保温节能原理与墙面相同，但由于结构的差异，在保温材料选择上更注重吸水率低、性能稳定的材料，主要有硬泡聚氨酯保温材料、泡沫混凝、泡沫玻璃等。

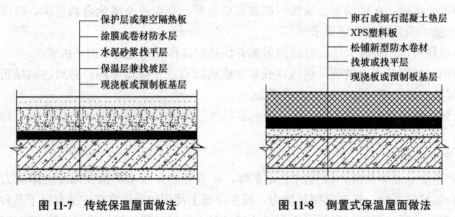

图11-7 传统保温屋面做法　　　　图11-8 倒置式保温屋面做法

2. 隔热屋面技术

不同于保温屋面技术，隔热屋面主要是使用物理方法，减少直接作用于屋顶表面的太阳辐射热量。其主要常用的构造做法有架空通风屋面、种植屋面和蓄水屋面。

(1)架空通风屋面。在屋顶中设置通风的空气间层，利用间层的空气流动排走一部分热量，使屋顶变成二次传热，从而降低了传至屋顶内表面的温度。

(2)种植屋面。在刚性混凝土屋面上种植植物，借助栽培介质和植物吸收阳光进行光合作用并遮挡阳光，达到降温隔热的目的。

(3)蓄水屋面。在刚性防水层上蓄一层水，水分的蒸发带走蓄水屋顶吸收的大量太阳辐射热，从而减少屋面吸收的热能，达到隔热降温的目的。

四、地面节能

我国大部分建筑的地板并不是直接暴露在外界环境中，但是仍会有相当多的热量，通过一楼的地板传出。因此，在建筑物的一楼地板下面，仍然需要填充高密度的保温材料，同时，在地下室的混凝土地坪和地基与土壤之间，可铺设一定厚度的保温材料。直接接触土壤的地面，周边地面（距离外墙 2 m 以内的）应采取保温措施。

目前，使用于地面的保温材料寥寥无几。其中，泡沫玻璃在地面保温体系中的应用技术相对较为成熟。无论是岩石板地面、铺地砖地面、水泥砂浆地面还是地板辐射采暖铺地砖地面，都可以使用泡沫玻璃保温板材料。

五、典型实例

以严寒地区某超低能耗建筑为例，介绍其围护结构节能墙体、门窗做法。

1. 外墙保温

本项目采用复合保温形式：140 mm 厚苯板＋80 mm 厚岩棉＋50 mm 厚保温砂浆＋外饰面，如图 11-9 和图 11-10 所示。

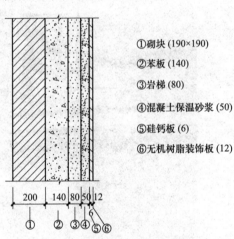

图 11-9　外墙保温结构图

图 11-10　外墙保温安装实景图

2. 屋顶保温

将保温板厚度提高到 300 mm，以降低屋顶平均传热系数，如图 11-11 所示。

3. 地面保温

沿建筑底层外墙内侧 2.0 m 范围内加铺聚苯板，以提高地面的保温性能，如图 11-12 所示。

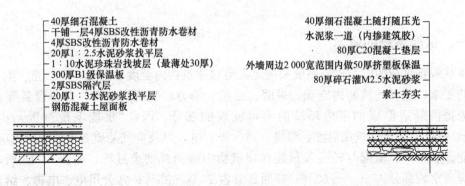

图 11-11　屋顶保温结构图　　　　图 11-12　地面保温结构图

4. 外窗构造及材料

采用的木窗为"内实木外包铝"构造(图 11-13 和图 11-14),中间为三玻两腔(腔内充氩气)结构,双侧 low-E 玻璃,同时配备瑞士产 Swisspacer 高性能密封暖边间隔条,主要性能指标如下:

(1)保温性 $K \leqslant 0.8 \text{ W/(m}^2 \cdot \text{K)}$;

(2)抗风压性 $P_3 \geqslant 5\,000$ Pa;

(3)水密性 $\Delta P \geqslant 700$ Pa;

(4)气密性 $q_1 \leqslant 0.3 \text{ m}^3/\text{h}$。

整窗热工性能极佳,完全满足超低能耗建筑要求。

外墙安装在主体外墙外侧,借助于角钢或小钢板固定,整个窗的 2/3 被包裹在保温层里,形成无热桥的构造。

图 11-13　铝包木保温窗构造

图 11-14　保温窗安装实景

第三节　建筑供能系统的节能

一、供能系统的概念

建筑需要复杂的能源供应系统来满足人类对建筑物内温度、湿度、声、光、电、空气品质的要求,这样建筑物内空调、采暖、通风、动力、照明、电梯、办公设备等多个系统成为提供舒适健康的室内环境的不可或缺的部分。因此"供能系统"(Power Supply System)是指为满足建筑物温度、湿度、声、光、电,以及空气品质要求的能源供应系统,包括能源从生产、输配与转换及最终在建筑物中被消耗的全过程,如图 11-15 所示。其中,暖通空调部分占 60%~65%;照明部分占 20%~25%;办公用电、电梯、给水排水等占 10%~20%。

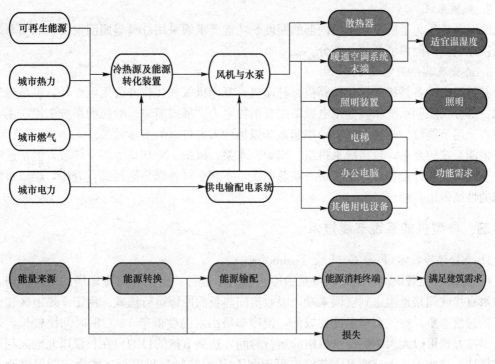

图 11-15　大型公共建筑供能系统

二、供能系统的节能措施

供能系统节能性主要看能源转化效率这个指标。能源转化效率是指被评建筑的冷热源输出全年累计的空调用电量、热量及生活用水量与消耗的电、天然气、煤及蒸汽和热水的能量的比值。供能系统节能主要考虑以下几个方面。

1. 采暖、空调系统

(1)冷热源。冷热源设备实际上就是实现能源消耗与转换的设备，空调与采暖系统的冷热源设备组合形式也是多种多样的。空调冷热源的选择涉及能耗、经济性、安全性、可靠性等综合因素，必须从保护环境、提高能源利用效率的角度出发，根据用户所在地区的气候条件、水源、热源、气源情况，用户对供冷、供暖的要求、建筑物用途、冷(热)负荷大小，当地政府的电价政策及冷热源机组在部分负荷下的全年总能耗等方面，进行综合技术经济比较。选择合适的冷热源还要考虑合理蓄能与余(废)热回收问题。

(2)输配系统。在公共建筑采暖空调系统能耗中，输送和分配冷量、热量的风机水泵能耗也较高，降低输配系统能源消耗也是供能系统节能潜力的一部分。调节、改变水泵、风机的工作状况，使其与已有管网匹配，从而在高效工作点工作。

(3)末端系统。常规的末端设备有风机盘管、空调机组等，与空调机组对应的末端装置有各种散流器、风口等。随着人们对室内环境更高的要求和节能的需要，一些新的末端设备和末端装置逐渐得到应用。辐射采暖和供冷具有舒适、无吹风感、节能、节省空间等优点，尤其在北方地区民用建筑中越来越受到欢迎。

2. 照明系统

照明系统是为了满足建筑物内部的照度、功能要求而采用灯具等照明设备，照明系统的电耗占建筑物内能源消耗的一部分。

3. 办公及其他用电设备

其他用电设备是指电梯和计算机、打印机、复印机等现代化办公用电设备，也是建筑用电的一部分。照明系统和其他用电设备主要消耗电力，形式简单，对照明系统来说，主要考察是否采用节能灯、是否设置自动控制系统以达到人走灯灭的节能效果。

供能系统较复杂，包括冷水机组、锅炉、水泵、风机、冷却塔等多个环节，但是这些具体环节没有安装计量装置，往往是一块总电表，不利于对各部分能耗进行分析，难以对供能系统的性能做出判断。

三、典型供能系统节能技术

1. 免费供冷技术（Free Cooling Technology）

(1)冷却塔免费供冷。免费供冷是指冷水机组不运行，仅仅利用冷却塔的冷却作用，将冷却水直接或间接地输送到空调末端，吸收房间热量的冷源运行模式。由于干燥地区和许多地区的过渡季节，空气湿球温度比较低，使冷却塔出水温度低于18℃的时间比较长，采用免费供冷方式可以大大缩短冷水机组的运行时间，达到节能的目的。在长江以北地区利用冷却塔供冷，节能效果十分明显，节能率可达到10%～25%。利用冷却塔为空调提供冷水的方法，一般有直接供冷和间接供冷两种模式，其系统如图11-16、图11-17所示。

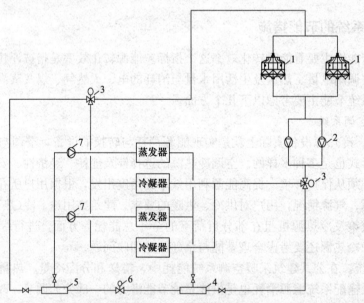

1—冷却塔；2—冷却水泵；3—电动三通调节阀；4—分水器；
5—集水器；6—压差控制器；7—冷水循环泵

图11-16 冷却塔直接供冷系统

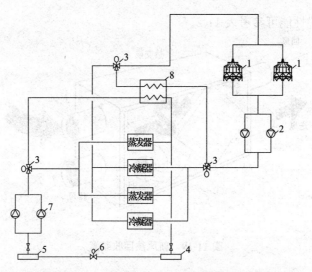

1—冷却塔；2—冷却水泵；3—电动三通调节阀；4—分水器；
5—集水器；6—压差控制器；7—冷水循环泵；8—板式换热器

图 11-17 冷却塔间接供冷系统

（2）土壤源/水源换热器免费供冷。在使用土壤源或水源热泵作为空调系统冷热源时，许多地区在过渡季节建筑冷负荷较小，可以直接利用土壤、深井水、江河湖海水等天然冷源去除室内负荷，不必开启热泵，图 11-18 所示为土壤源换热器直接供冷原理图。采用水源换热器也是同样的原理。

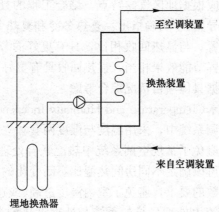

图 11-18 土壤源换热器直接供冷原理图

2. 新风热回收节能技术(Fresh Air Heat Recovery Technology)

空调系统的新风负荷在空调系统负荷中占有较大的比例，为 30%～50%，在人员密集的公共建筑内区甚至占到 70% 以上，因此，降低新风处理系统的能耗成为空调节能中重要的一环，采用热回收装置，使新风与排风进行(冷)热量的交换，回收排风中的部分能量，减少新风负荷是空调系统节能的一项有力措施。

热回收装置按换热类型可分为全热回收型和显热回收型两类。由于能量回收原理和结构不同，有板式、转轮式、热管式和溶液吸收式等多种形式。新风热回收装置如图 11-19 所示，常用热回收装置性能可参考表11-2。

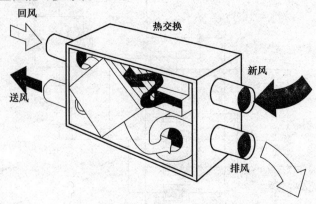

图 11-19 新风热回收装置

表 11-2 常用热回收装置性能

项目	热回收装置类型					
	转轮式	液体循环式	板式	热管式	板翅式	溶液吸收式
能量回收形式	显热或全热	显热	显热	显热	全热	全热
热回收效率	50%~85%	55%~65%	50%~80%	45%~65%	50%~70%	50%~85%
排风泄漏量	0.5%~10%	0%	0%~5%	0%~1%	0%~5%	0%

新风热回收装置的类型应根据地区气候特点，结合工程的具体情况进行选择确定，《被动式超低能耗绿色建筑技术导则》中明确指出：夏热冬冷和夏热冬暖地区夏季室外空气相对湿度大，宜选用全热回收装置，与显热回收相比，具有更好的节能效果；严寒和寒冷地区，全热回收装置同显热回收装置节能效果相当，显热回收具有更好的经济性，但全热回收装置利于降低结霜的风险，应根据具体项目情况综合考虑。

3. 温、湿度独立控制技术（Temperature and Humidity Independent Control Temperature）

在温、湿度独立控制空调系统中，采用温度与湿度两套独立的空调系统，分别控制、调节室内的温度与湿度，从而避免了常规空调系统中热湿联合处理所带来的损失。由于温度、湿度采用独立的控制系统，可以满足不同房间热湿比不断变化的要求，克服了常规空调系统中难以同时满足温、湿度参数的要求，避免了室内湿度过高（或过低）的现象。

温湿度独立控制空调系统由处理显热的系统与处理潜热的系统组成，两个系统独立调节，分别控制室内的温度与湿度。处理显热的系统包括高温冷源和余热消除末端装置，采用水作为输送媒介。由于除湿任务由处理潜热的系统承担，因而显然系统的冷水供水温度不再是常规冷凝除湿空调系统中的 7 ℃，可提高到 18 ℃左右，从而为天然冷源的使用提供了条件。余热消除末端装置可以采用辐射板、干式风机盘管等多种形式，由于供水温度高于室内空气的露点温度，因而不存在结露的危险。处理潜热的系统由新风机组、送风末端装置组成，采用新风作为能量输送的媒介，稀释室内二氧化碳和异味，以保证室内空气质量。在处理潜热的系统中，由于不需要处理温度，因而可采用新的节能高效方法，如溶液除湿、固体吸附除湿等。温、湿度独立控制系统的典型配置模式为"辐射吊顶＋独立新风系统"CRCP（Ceiling Radiant Cooling Panel）＋DOAS（Dedicated Outdoor Air System）。

辐射吊顶＋独立新风系统工作原理如图 11-20 所示。

辐射冷却系统"干工况"运行，即表面温度控制在室内露点温度以上，这样室内的热环境控制和湿环境、空气品质的控制被分开。辐射冷却系统负责去除室内显热负荷、承担降室内温度维持在舒适范围的任务。新风系统负责新鲜空气的输送、室内湿环境的调节及污染物的稀释和排放任务。

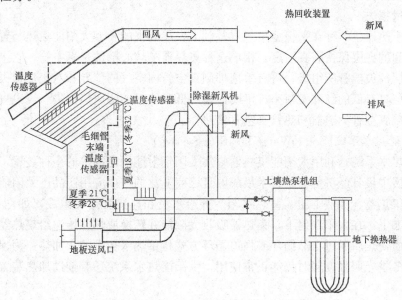

图 11-20　辐射吊顶＋独立新风系统工作原理图

第四节　建筑中的太阳能应用

一、太阳能光热利用

太阳能光热利用的基本原理是通过太阳能集热器将太阳辐射能收集起来，通过与物质的相互作用转换成热能加以利用。

1. 太阳能集热器（Solar Collector）

太阳能集热器是吸收太阳辐射并将产生的热能传递到传热工质的装置，是组成各种太阳能热利用系统的关键部件，目前使用最多的太阳能收集装置主要有平板型集热器、真空管集热器，如图 11-21 所示。

图 11-21　太阳能集热器

2. 平板型集热器真空管集热器

平板型集热器是由吸热板、透明盖板、隔热层和外壳等几部分组成的。当平板型集热器工作时，太阳辐射穿过透明盖板后，投射在吸热板上，被吸热板吸收并转换成热能，然后将热量传递给吸热板内的传热工质，使传热工质的温度升高，作为集热器的有用能量输出。与此同时，温度升高后的吸热板不可避免地要通过传导、对流和辐射等方式向四周散热，造成集热器的热量损失。

真空管集热器是一种在平板型集热器基础上发展起来的新型太阳能集热装置，其吸热体与玻璃管之间的夹层保持高真空度。构成这种集热器的核心部件是真空管，它主要由内部的吸热体和外层的玻璃管所组成。可有效地抑制真空管内空气的传导和对流热损失，再由于选择性吸收涂层具有低的红外发射率，可明显地降低吸热板的辐射热损失。真空管集热器主要可分为全玻璃真空管集热器和热管真空管集热器。

3. 太阳能热水系统（Solar Water Heating System）

太阳能热水系统是利用太阳能集热器收集太阳辐射能把水加热的一种装置，是目前太阳能热利用发展中最具经济价值、技术最成熟且已商业化的一项应用产品。太阳能热水系统通常由太阳能集热器、传热工质、蓄热水箱、补给水箱和连接管路等组成，如图 11-22 所示。其工作过程如下：在太阳辐射下，集热器吸收太阳能并转换成热能传递给集热器内的传热工质，传热工质受热后通过自然循环或强迫循环方式将蓄热水箱中的水加热。为保证整个系统在阴雨天或冬季光照强度弱时仍能正常使用，太阳能热水系统还有辅助加热装置，以确保用户使用要求。

太阳能热水系统根据加热循环方式的不同可分为自然循环系统、强制循环系统和直流式循环系统三类。

(1) 自然循环系统。自然循环系统蓄水箱必须置于集热器上方，如图 11-22 所示。水在集热器中被太阳辐射加热后，温度升高；由于集热器与蓄热水箱中的水温不同，因而产生密度差，形成热虹吸压头，使热水由上循环罐进入水箱的上部，同时，水箱底部的冷水由下循环管进入集热器，形成循环流动。这种热水器的循环不需要外加动力，故称为自然循环。在运行过程中，系统的水温逐渐升高，经过一段时间后，水箱上部的热水即可使用。在用水的同时，由补给水箱向蓄热水箱补充冷水。自然循环太阳能热水系统结构简单，运行安全可靠，不需要循环水泵，管理方便，但为了防止系统中热水倒流及维持一定的热虹吸压头，蓄水箱必须置于集热器的上方，不利于与建筑结合，适用于中小型太阳能热水系统。

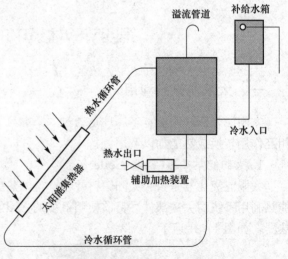

图 11-22 太阳能热水系统图

(2) 强制循环系统。强制循环系统中水是靠泵来循环的。系统中装有控制装置，当集热器顶部的水温与蓄热水箱底部的水温达到一限定值的时候，控制装置就会自动启动水泵；反之,当集热器顶部的水温和蓄热水箱底部水温的差值小于某一限定值时,控制装置就会自动关闭水泵,停止循环。因此,强制循环系统中蓄热水箱的位置不一定要高于集热器,整个系统布置比较灵活,适用于大型热水系统。根据循环管道内循环介质不同,强制循环系统可分为直接强迫循环系统和间接强迫循环系统,如图 11-23 和图 11-24 所示。

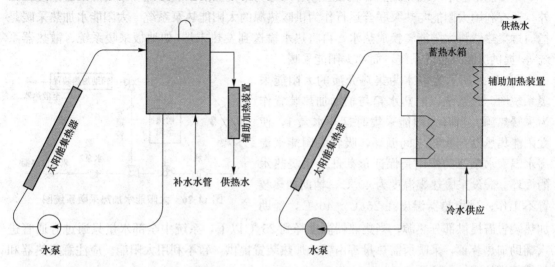

图 11-23　直接强迫循环系统　　　　图 11-24　间接强迫内置辅助加热系统

直接强迫循环系统循环管道内流动的是用户所要使用的水,冷水直接通过集热器交换热量,温度升高后供用户使用;间接强迫循环系统蓄热水箱内放置有换热器,系统循环管道内是防冻液,集热器将防冻液加热后循环至水箱,与水箱内的冷水交换热量,使水箱内的水温升高,以供用户使用。

(3)直流式循环系统。直流式系统如图 11-25 所示。这一系统是在自然循环和强制循环的基础上发展起来的。为了得到温度符合用户要求的热水,系统采用定温放水的方法。集热器进口管与自来水管连接,集热器内的水受太阳辐射能加热后,温度逐步升高。在集热器出口处安装测温元件,通过温度控制器,控制安装在集热器进口管上电动阀的开度,根据集热器出口温度来调节集热器进口水流量,使出口水温保持恒定。这种系统运行的可靠性取决于变流量电动阀和控制器的工作质量。

在我国,家用太阳能热水器和小型太阳能热水器多采用自然循环式,而大中型太阳能热水器系统多采用强制循环式。

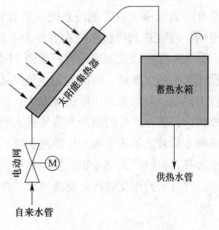

图 11-25　直流式热水系统图

4. 太阳能采暖

太阳能采暖可分为被动式太阳能采暖和主动式太阳能采暖。被动式太阳能采暖依靠建筑物的方位、本身结构和材料的热工性能,吸收和贮存太阳辐射的能量,以达到采暖的目的;主动太阳能采暖系统与常规采暖系统的区别是以太阳能作为热源代替煤、石油、天然气等常规能源。需要注意的是，在我国冬季主动式太阳能采暖系统仅为辅助手段。因为北半球冬季太阳辐射强度低，难以在常规建筑中实现完全由太阳能供暖。主动式太阳能采暖系统由太阳能集热器、贮热器、辅助热源及管道、阀门、风机、水泵、控制系统等组成。

太阳能采暖系统按其集热工质（或介质）可分为空气加热采暖系统和水加热采暖系统，另外，还有利用太阳能与热泵联合运行作为供暖热源的太阳能热泵系统。太阳能水加热采暖是指通过集热器将太阳能转换成热水，再将热水输送到发热末端（如地板采暖系统、散热器系统等）提供房间采暖的系统，简称太阳能采暖。

图 11-26 所示为以水为集热介质的太阳能采暖系统图。此系统以贮热水箱与辅助加热装置作为采暖热源。当有太阳能采集时打开水泵 1，使太阳能集热器与水箱之间循环，吸收太阳能来提高水温。水泵 2 的作用是保证负荷部分采暖热水的循环。假设采暖热媒温度为 40 ℃，辅助加热装置不工作；当集热器温度在 25 ℃～40 ℃，辅助

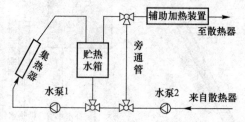

图 11-26　太阳能水加热采暖系统图

加热装置需提供部分热源；当集热器温度降到 25 ℃以下，系统中全部水量只通过旁通管进入辅助加热装置，采暖所需热量都由辅助加热装置提供，暂不利用太阳能。应注意集热器和系统管道的冻结和渗漏。

5. 太阳能制冷

太阳能制冷主要通过光—热和光—电转换两种途径实现，本节所说的太阳能制冷，主要是指太阳能光热转换制冷。光—热转换制冷首先是将太阳能转换为热能（机械能），再利用热能（或机械能）作为外界的补偿，使系统达到并维持所需的低温。

太阳能制冷方式有吸收式制冷、吸附式制冷、除湿式制冷、蒸汽喷射式制冷等。本节主要介绍太阳能吸收式制冷系统。吸收式制冷是利用两种物质所组成的二元溶液作为工质来进行的。吸收式制冷机主要由发生器、冷凝器、蒸发器和吸收器组成。

太阳能吸收式制冷的原理如图 11-27 所示。制冷剂—吸收剂工质在发生器中被太阳能集热器送来的热水加热，制冷剂受热蒸发从制冷剂—吸收剂工质解析出来，在冷凝器中被冷却，释放出热量后凝结为高压低温液态水；冷凝水通过膨胀阀降压后，进入蒸发器吸热蒸发，产生制冷效应；蒸发产生的制冷剂蒸气进入收集器被来自发生器的制冷剂—吸收剂工质吸收，再次变成液态后被泵加压送入发生器被加热。由此可见，太阳能吸收式制冷就是利用太阳能集热器将水加热，为吸收式制冷机的发生器提供热媒水，从而使吸收式制冷机正常运行，达到制冷的目的。热媒水的温度越高，则制冷机的性能系数越高，空调系统的制冷效率也越高。

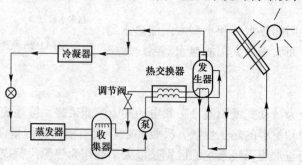

图 11-27　太阳能吸收式制冷原理图

二、太阳能光电利用

1. 太阳能发电原理

太阳光照在半导体 P-N 结上,形成新的空穴-电子对,在 P-N 结内建电场的作用下,空穴由 N 区流向 P 区,电子由 P 区流向 N 区,接通电路后就形成电流,如图 11-28 所示。太阳能发电有两种方式,一种是光—热—电转换方式;另一种是光-电直接转换方式。

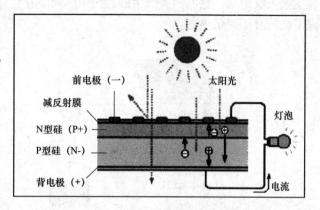

图 11-28 太阳能发电原理图

(1)光—热—电转换方式通过利用太阳辐射产生的热能发电,一般是由太阳能集热器将所吸收的热能转换成工质的蒸气,再驱动汽轮机发电。

(2)光—电直接转换方式是利用光伏效应,将太阳辐射能直接转换成电能,光—电转换的基本装置就是太阳能电池。太阳能电池是一种由于光生伏特效应而将太阳光能直接转化为电能的器件,是一个半导体光电二极管,当太阳光照到光电二极管上时,光电二极管就会把太阳的光能变成电能,产生电流。当许多个电池串联或并联起来就可以成为有比较大的输出功率的太阳能电池方阵了。

2. 太阳能发电系统的基本构成

太阳能发电系统由太阳能电池方阵、蓄电池组、充放电控制器、逆变器、交流配电柜、太阳跟踪控制系统等设备组成,如图 11-29 所示。其部分设备的作用如下:

(1)电池方阵:在有光照的情况下,电池吸收光能,电池两端出现异号电荷的积累,即产生"光生电压",这就是"光生伏特效应"。

(2)蓄电池组:其作用是贮存太阳能电池方阵受光照时发出的电能并可随时向负载供电。

(3)控制器:是能自动防止蓄电池过充电和过放电的设备。

(4)逆变器:是将直流电转换成交流电的设备。逆变器按运行方式可分为独立运行逆变器和并网逆变器。

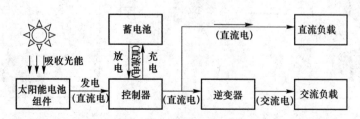

图 11-29 太阳能发电原理图

3. 太阳能发电系统的分类

光伏发电系统可分为独立光伏发电系统(图 11-30)、并网光伏发电系统(图 11-31)及分布式光伏发电系统(图 11-32)。

(1)独立光伏发电也称离网光伏发电。通常由太阳能组件、控制器、逆变器、蓄电池组和支架系统组成。它们白天产生的直流电源可直接储存在蓄电池组中,用于在夜间或在多云或下雨的日子提供电力。

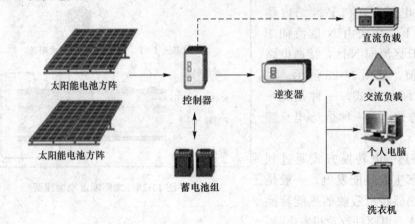

图 11-30　独立光伏发电系统图

(2)并网光伏发电就是太阳能组件产生的直流电经过并网逆变器转换成符合市电电网要求的交流电之后直接接入公共电网。

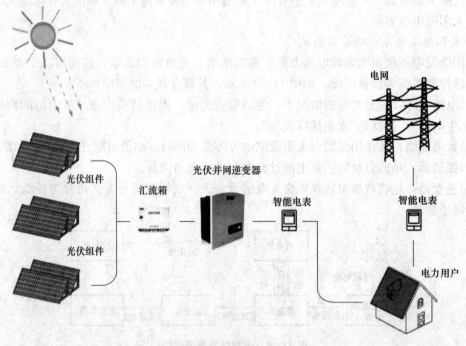

图 11-31　并网光伏发电系统图

(3)分布式光伏发电系统又称分散式发电或分布式供能,是指在用户场地附近建设,运行方式以用户侧自发自用、多余电量上网,且在配电系统平衡调节为特征的光伏发电设施。

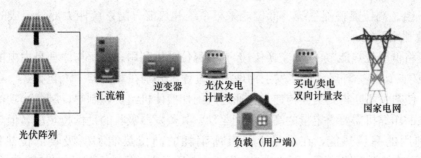

图 11-32　分布式光伏发电系统图

4. 太阳能发电系统的优缺点

(1)优点。太阳能发电被称为最理想的新能源。其具有以下优点：无枯竭危险；安全可靠，无噪声，无污染排放外，绝对干净(无公害)；不受资源分布地域的限制，可利用建筑屋面的优势；无须消耗燃料和架设输电线路即可就地发电供电；能源质量高；使用者从感情上容易接受；建设周期短，获取能源花费的时间短。

(2)缺点。其具有以下优点：照射的能量分布密度小，即要占用巨大面积；获得的能源同四季、昼夜及阴晴等气象条件有关，利用太阳能来发电，设备成本高，但太阳能利用率较低，不能广泛应用，主要用在一些特殊环境下。

第五节　热泵

一、热泵的基本概念

热泵(Heat Pump)是一种利用高位能使热量从低位热源流向高位热源的节能装置。也就是说，热泵可以把不能直接利用的低位热能(如水、土壤、空气中所含的工业废能、热能等)转化为可以利用的高位热能，可以达到节约部分高位能(如电能、燃气、煤等)的目的。理想的热泵形式如图 11-33 所示，由动力机和工作机组成热泵机组。利用高位能来推动动力机(如汽轮机、电机、燃油机、燃气机等)运转，工作机像泵一样，把低位热能输送至高品位，向用户供热，其过程中能源转换效率之比为能效比。能效比越大，节省的能源就越多。

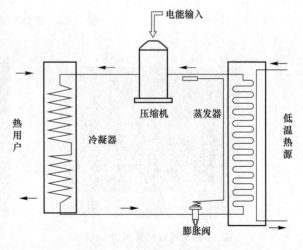

图 11-33　理想的热泵机组

二、热泵机组与热泵系统

热泵机组是由动力机和工作机组成的节能机械，是热泵系统中的核心部分。而热泵系统是由热泵机组、高位能输配系统、低位能采集系统和热能分配系统四大部分组成的一种能级提升的能量利用系统。

热泵可将低温位热能"泵送"(交换传递)到高温位提供利用。其工作原理是由电能驱动压缩机,使工质(如R22)循环运动反复发生物理相变过程,分别在蒸发器中汽化吸热、在冷凝器中液化放热,使热量不断得到交换传递,并通过阀门切换使机组实现制热(或制冷)功能。在此过程中,热泵的压缩机需要一定量的高位电能驱动,其蒸发器吸收的是低位热能,但热泵输出的热量是可利用的高位热能,在数量上是其所消耗的高位热能和所吸收低位热能的总和。图11-34所示为热泵系统简图,图11-35和图11-36所示为地源热泵机房BIM图和现场图。

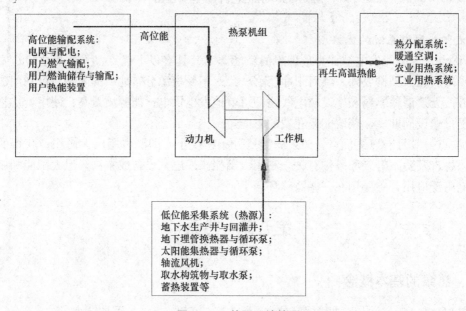

图 11-34　热泵系统简图

图 11-35　地源热泵机房 BIM 图

图 11-36　地源热泵机房现场图

三、热泵的种类

(一)按热源种类分类

1. 空气源热泵(Air Source Heat Pump)

空气源热泵是由电动机驱动,利用空气中的热量作为低温热源,经过传统空调器中的冷凝器或蒸发器进行热交换，然后通过循环系统，提取或释放热能，利用机组循环系统将能量转移到建筑物内，满足用户对生活热水、地暖或空调等需求。

空气源热泵能在冬季制热，又能在夏季制冷，采用热泵加热的形式，水、电完全分离，无须燃煤或天然气，因此，可以实现一年四季全天 24 小时安全运行，不会对环境造成污染。空气源热泵不受夜晚、阴天、下雨及下雪等恶劣天气的影响，也不受地质、燃气供应的限制。

空气源热泵的能量来源是空气中的热能，但面对极严寒的气候，尤其在我国北方，空气中的热能少，所能转换的热能也就有限。普通的空气源热泵的工作效能在 $-10\ ℃$ 或更低的极低温环境中会大打折扣，影响机组整体运作，无法保证采暖或热水供应。目前，为了攻克普通空气源热泵冬季供暖受气候条件制约的技术难题，已经采取相应的技术措施，改善空气源热泵性能，提高空气源热泵机组在寒冷地区运行的可靠性和低温适应性，已有适用于严寒地区的空气源热泵机组。

2. 水源热泵(Water Source Heat Pump)

地球表面浅层水源(一般在 1 000 m 以内)，如地下水、地表的河流、湖泊和海洋，吸收了太阳进入地球的相当的辐射能量，并且水源的温度一般都十分稳定。水源热泵技术的工作原理就是：通过输入少量高品位能源(如电能)，实现低温位热能向高温位转移。水体分别作为冬季热泵供暖的热源和夏季空调的冷源，即在夏季将建筑物中热量"取"出来，释放到水体中，由于水源温度低，所以可以高效地带走热量，以达到夏季给建筑物室内制冷的目的；而冬季，则是通过水源热泵机组，从水源中"提取"热能，送到建筑物中采暖。

水源热泵属可再生能源利用技术，运行效率高、费用低、节能，运行稳定可靠，水源热泵机组的运行没有任何污染，环境效益显著。水源热泵目前主要应用在北方冬季寒冷地区，因为在广阔的南方主要以空气源热泵为主，且工程相对简单，造价相对较低。水源热泵理论上可利用一切的水资源，但在实际工程中，不同的水资源利用的成本差异是相当大的。所以在不同的地区是否有合适的水源成为水源热泵应用的一个关键。

3. 土壤源热泵(Ground Source Heat Pump)

土壤源热泵是利用地下常温土壤温度相对稳定的特性，通过深埋于建筑物周围的管路系统与建筑物内部完成热交换的装置。冬季从土壤中取热，向建筑物供暖；夏季向土壤排热，为建筑物制冷。它以土壤作为热源、冷源，通过高效热泵机组向建筑物供热或供冷。高效热泵机组的能效比一般能达到 4.0 kW/kW 以上，与传统的冷水机组加锅炉的配置相比，全年能耗可节省 40% 左右，初投资偏高，机房面积较小，节省常规系统冷却塔可观的耗水量，运行费用低，不产生任何有害物质，对环境无污染，实现了环保的功效。但埋地换热器受土壤性能影响较大，土壤的热工性能、能量平衡、土壤中的传热与传湿对传热有较大影响，连续运行时热泵的冷凝温度和蒸发温度会受土壤温度的变化而发生波动。

4. 太阳能热泵(Solar Heat Pump)

将热泵技术与太阳能结合供应生活热水，主要有两种方式，一种是直接以空气源热泵作为太阳能系统的辅助加热设备；另一种是利用太阳能热水为低温热源或将太阳能集热器作为热泵的蒸发器的太阳能热泵系统。前者以太阳能直接加热为主，以空气源热泵为辅，解决太阳能供热的连续性问题，但仍旧无法摆脱环境温度对热泵制热性能的影响；后者完全以太阳能作为热泵热源，大大提高了太阳能的利用效率，但太阳能资源不足时仍需要增加其他辅助热源,并且热泵供热能力受太阳能集热量的限制,规模一般比较小。

(二)其他分类

按热泵驱动方式的不同,可分为蒸汽压缩式热泵和吸收式热泵;按热泵在建筑物中用途的不同,可分为供暖和热水供应的热泵、全年空调的热泵、同时供热与供冷的热泵、热回收热泵;按热泵供水温度的不同,可分为高温热泵和低温热泵。

四、热泵作为暖通空调冷热源的分析

热泵作为暖通空调冷热源具有较好的节能性,如地源热泵,地能或地表浅层地热资源的温度一年四季相对稳定,冬季比环境空气温度高,夏季比环境空气温度低,是很好的热泵热源和空调冷源,这种温度特性使得地源热泵比传统空调系统运行效率要高40%,因此,要节能和节省运行费用40%左右。另外,地能温度较恒定的特性,使得热泵机组运行更可靠、稳定,也保证了系统的高效性和经济性。热泵系统可以建造在居民区内,没有燃烧,也没有废弃物,不需要堆放燃料废物的场地,且不用远距离输送热量,可大幅度降低温室气体的排放,保护环境。热泵系统的高效节能特点,决定了它的低运行费用,维修量极少,使用寿命和建筑物同期,折旧费和维修费也都大大低于传统空调。自动化程度高,无须专业人员操控。热泵系统可供暖、空调,还可供生活热水,一机多用,一套系统可以替换原来的锅炉加空调的两套装置或系统;可广泛应用于宾馆、商场、酒店、医院、办公楼、学校等建筑,也适用于别墅住宅的采暖、空调。无储煤、储油罐等卫生及安全隐患,安全可靠。

第六节 电供暖

一、电供暖系统

电供暖(Electric Heating)是直接用电来加热发热体,使其向室内散热的供暖方式。清洁能源主要可分为含煤的清洁化燃烧、电能和可再生能源三种类型。因此,电供暖具有环保、节能等优点,在发达国家得到了广泛的接受和认可。在我国,政府也大力支持电供暖这种供暖方式,并提出一些优惠政策,倡导"煤改电",有利于改善我国环境污染严重的现状。

电的来源主要有火电、水电、核电、风电和光伏。其中,火电包括燃煤发电和燃气发电。燃煤发电主要集中在"三北"地区,占90%以上;燃气发电在京津地区约占30%。

电供暖系统从城市电网开始,先后经过高压配电柜、变压器、低压配电柜、各建筑物总配电柜、各楼层配电箱,最后到达末端(埋设电缆或电暖气),向室内各个房间进行供暖。

二、电供暖的分类

电供暖可分为电加热式供暖和电驱动式供暖两大类。电驱动式供暖即热泵供暖,上节已经阐述,本节主要介绍电加热式供暖。电加热式供暖又可分为直热式电供暖(Direct Heating Type Electric Heating)和蓄热式电供暖(Regenerative Heating)。如果电供暖仅在热源部分采用电锅炉,热源为电能,而系统内的热媒仍为热水或蒸汽,这种电供暖系统本质上仍为热水或蒸汽供暖系统。本节则主要介绍无水直热式电供暖。

1. 无水直热式电供暖

无水直热式电供暖是指将电能直接转化为热能的供暖方式，是用发热板或电阻丝直接加热而不经过其他介质。根据传热方式不同可分为对流型电供暖和辐射型电供暖。

(1)对流型电供暖是指将电暖气悬挂在壁面，通过对流的方式向室内供暖。电暖气主要由两部分组成，一是碳晶发热板，如图 11-37 所示，它具有电能与热能转化率高的特点；二是电暖气框架，如图 11-38 所示。

图 11-37　碳晶发热板

图 11-38　电暖气框架

对流型电供暖的特点如下：

①散热效果好；

②安装、维修方便。

(2)辐射型电供暖是将电热膜或电热线缆埋入建筑的墙面、地面或吊顶的构造层中，采用辐射的形式向室内供暖，如图 11-39 所示。其适用于各种类型的建筑物，并且适合各种需要供暖的地区。

图 11-39　地热电缆和电热膜

辐射型电供暖的特点如下：
①温度场均匀，热舒适好；
②占用室内空间少；
③需要消耗高品位热能；
④运行费用高；
⑤隐蔽工程多。

2. 蓄热式电供暖

蓄热式电供暖是指采用蓄热装置（利用固体或液体蓄热材料）的电供暖系统。利用"峰谷电价差"，即夜间时段电费低，启动电加热并储存，在白天高峰时段，关闭电加热，而将储存的热能释放到室内进行供暖，既满足了 24 小时持续供暖，又可以节约能源、节省费用。

蓄热式电供暖的特点如下：
(1)有蓄热功能，运行费用低；
(2)全天持续供暖；
(3)蓄热设备费用高、初投资高；
(4)体积大。

由于蓄热式电供暖有以上特点，因此需要进行技术经济综合比较后再做决策是否使用。

三、学校类公共建筑电供暖与传统热水集中供暖的比较

1. 学校类公共建筑电供暖与传统热水集中供暖相比的特点

(1)学校类的公共建筑：教室等夜间可以低温运行，周末和假期可以大面积低温运行，从而极大地降低运行费用；

(2)便于实现需要：加热时可快速提升室温，不需要时可随时关闭，这是水暖无法做到的；

(3)通过灵活方便的运行调节（缩短运行时间）达到节能和节约运行费用；

(4)北方最寒冷的尖峰时期（每年的 1—2 月）恰好是寒假；

(5)电供暖初投资与集中供热相当，运行调节灵活方便，易实现"行为节能"，在学校类公共建筑中运行费用较低，没有传统水暖的"跑冒滴漏"隐患，节省水资源，降低烟尘污染；

(6)电供暖供电系统独立于学习及生活供电系统，其在夏季时（每年的 4 月 15 日—10 月 15 日）停止运行，可免收电力设施空驶费（基础费）。

2. 学校类公共建筑电供暖与传统热水集中供暖系统的投资和运行效果比较

以某高校为例进行电供暖系统与传统热水集中供热系统投资和运行效果的比较。

(1)初投资比较。

①电供暖投资主要包括：电供暖专用开闭所、配电室、箱变（变压器）、校区室外电缆、室内配电箱及电缆、末端电暖器与自控系统。

②集中供热投资主要包括：集中供热并网费、校区室外管网，换热站及泵房、室内管网、末端暖气片（或地热盘管）。

两者折合建筑平方米单价均在 180 元/m^2 左右，其初投资基本相当。

(2)运行效果比较。某高校的电供暖规模为 30 万 m^2，将其与热水集中供暖的运行费用

比较数据见表11-3。通过三个供暖季的比较，学校建筑的电供暖形式可比集中供热形式节省费用50%左右。因此，电供暖适用于公共建筑和工业建筑(供暖规律性强的建筑)。

表11-3　某高校的电供暖与热水集中供暖的运行费用比较表

项目	2015—2016年供暖季 (2015.10—2016.4)	2016—2017年供暖季 (2016.10—2017.4)	2017—2018年供暖季 (2017.10—2018.4)
总电量	8 930 693 kW·h	6 614 700 kW·h	9 173 855 kW·h
总电费	468.86万元	352.57万元	488.43万元
按供暖面积折合单位运行费	17.01元/m²	12.78元/m²	15.65元/m²
与集中供热31元/m²比	节省45%， 年节省386万元	节省59%， 年节省502万元	节省50%， 年节省508万元

3. 电供暖的综合效益

(1)电供暖节能减排效果。以某高校为例：

①节省能源：比热水集中供热节省能量560 MJ/m²(156 kW·h/m²)，折合标煤3.29 kg/m²。每年节约能源154 213 GJ，年节煤906吨(折标煤)。

②节省水资源：相同规模的热水供暖系统，一次注水量35 280吨，每个供暖季的补水量约12 000吨，故可节约水资源36 480吨。

③减排量：1吨煤燃烧产生烟尘8.93 kg(除尘效率按90%计)，每年可减少烟尘排放8.1吨。

(2)电供暖的节地和舒适性。减少建设用地：电供暖所用外部设施为箱式变压器，与燃煤锅炉房或换热站相比，其占地可忽略不计。

由于无水电供暖自动化程度高，便于实现智慧供热和精准供热，使得热用户可按需调节，舒适性更好，也有利于冬季室内的人体健康。

思考题

1. 什么是建筑节能？建筑节能的三大措施和两个途径是什么？
2. 什么是绿色建筑和超低能耗建筑？未来的建筑发展趋势是什么？
3. 建筑围护结构的节能主要包括哪些内容？
4. 外墙保温包括哪些形式？哪种形式应用最多？
5. 什么是建筑的供能系统？组成部分所占比例是多少？
6. 简述新风热回收节能技术及选择原则。
7. 什么是太阳能集热器，其主要分类有哪些？
8. 什么是光伏效应？

9. 简述光伏控制器的基本功能。
10. 热泵的种类有哪些?
11. 什么是电供暖?电供暖怎样分类?
12. 为什么说热泵供暖比电加热供暖在能源利用上更为合理?
13. 为什么学校类建筑更适用于电供暖?

参考文献

[1] 蔡增基，龙天渝. 流体力学泵与风机[M]. 5版. 北京：中国建筑工业出版社，2009.
[2] 章熙民，朱彤，安青松，等. 传热学[M]. 6版. 北京：中国建筑工业出版社，2014.
[3] 朱颖心. 建筑环境学[M]. 4版. 北京：中国建筑工业出版社，2016.
[4] 中华人民共和国住房和城乡建设部. GB 50325—2020 民用建筑工程室内环境污染控制标准[S]. 北京：中国计划出版社，2020.
[5] 中华人民共和国住房和城乡建设部. GB 50118—2010 民用建筑隔声设计规范[S]. 北京：中国计划出版社，2010.
[6] 王增长. 建筑给水排水工程[M]. 7版. 北京：中国建筑工业出版社，2016.
[7] 张喜明. 赵嵩颖. 建筑水暖电及燃气工程概论[M]. 北京：中国电力出版社，2014.
[8] 中华人民共和国住房和城乡建设部. GB 50015—2019 建筑给水排水设计标准[S]. 北京：中国计划出版社，2019.
[9] 中华人民共和国住房和城乡建设部. GB 50974—2014 消防给水及消火栓系统技术规范[S]. 北京：中国计划出版社，2014.
[10] 李敬苗，魏一然. 建筑给水排水工程[M]. 北京：中国建材工业出版社，2010.
[11] 贺平，孙刚，王飞，等. 供热工程[M]. 4版. 北京：中国建筑工业出版社，2009.
[12] 冉春雨. 供热工程[M]. 北京：化学工业出版社，2009.
[13] 邹平华. 供热工程[M]. 北京：中国建筑工业出版社，2018.
[14] 中华人民共和国住房和城乡建设部. GB 50016—2014 建筑设计防火规范（2018年版）[S]. 北京：中国计划出版社，2018.
[15] 韦节廷. 建筑环境与能源应用工程概论[M]. 北京：中国电力出版社，2018.
[16] 杨诗成，王喜魁. 泵与风机[M]. 3版. 北京：中国电力出版社，2007.
[17] 王汉青. 通风工程[M]. 北京：机械工业出版社，2012.
[18] 赵荣义，范存养，薛殿华. 空气调节[M]. 4版. 北京：中国建筑工业出版社，2009.
[19] 陆亚俊. 暖通空调[M]. 3版. 北京：中国建筑工业出版社，2015.
[20] 雍静. 供配电系统[M]. 2版. 北京：机械工业出版社，2011.
[21] 刘介才. 工厂供电[M]. 6版. 北京：机械工业出版社，2020.
[22] 段春丽，黄仕元. 建筑电气[M]. 2版. 北京：机械工业出版社，2016.
[23] 魏立明. 建筑电气照明技术与应用[M]. 北京：机械工业出版社，2015.
[24] 侯志伟. 建筑电气识图与工程实例[M]. 2版. 北京：中国电力出版社，2015.
[25] 周广连，梁云红. 建筑消防设施[M]. 南京：江苏教育出版社，2009.
[26] 孙景芝，韩永学. 电气消防[M]. 3版. 北京：中国建筑工业出版社，2016.

[27]王可崇.建筑设备自动化系统.北京：人民交通出版社，2003.

[28]韩宁，屠景盛.综合布线技术[M].北京：中国建筑工业出版社，2011.

[29]刘晓辉.网络综合布线应用指南[M].北京：人民邮电出版社，2009.

[30]吴达金.综合布线系统工程安装施工手册[M].北京：中国电力出版社，2007.

[31]詹淑慧.燃气供应[M].4版.北京：中国建筑工业出版社，2011.

[32]段常贵.燃气输配[M].5版.北京：中国建筑工业出版社，2016.

[33]严铭卿.燃气工程设计手册[M].北京：中国建筑工业出版社，2009.

[34]中华人民共和国建设部.GB 50028—2006 城镇燃气设计规范（2020年版）[S].北京：中国建筑工业出版社，2020.

[35]傅温.建筑工程常用术语详解[M].北京：中国电力出版社，2014.

[36]中华人民共和国住房和城乡建设部.被动式超低能耗绿色建筑技术导则（试行）（居住建筑）[M].北京：中国建筑工业出版社，2015.

[37]中华人民共和国住房和城乡建设部.GB/T 50378—2014 绿色建筑评价标准[S].北京：中国建筑工业出版社，2019.

[38]刘加平，董靓，孙世钧.绿色建筑概论[M].北京：中国建筑工业出版社，2010.

[39]王娜.建筑节能技术[M].北京：中国建筑工业出版社，2013.

[40]姚杨.暖通空调热泵技术[M].北京：中国建筑工业出版社，2008.

[41]吴延鹏.制冷与热泵技术[M].北京：科学出版社，2017.